機械加工が一番わかる

▶ 同一形状の製品を優れた
精度で大量に製造する技術 ◀

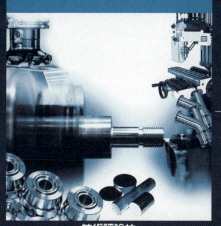

平野利幸 著

技術評論社

はじめに

　機械加工技術が進歩し、工作機械が高精度化していますが、その中心にいるのは私たち技術者です。汎用工作機械でもNC工作機械でもいずれにしても人が考え、計画、設計し、作業していく中でより良い製品がつくられています。そして、その加工に必要な知識と技術は、多くの勉強と経験を積むことによってさらに身に付けることができます。

　さて、単に機械加工といっても、対象とする材料、形、大きさ、精度および生産性などによって加工方法が異なり、使用する工作機械が当然違ってきます。そのため、機械加工に携わる技術者は、要求された工作物に対して最適な加工方法を選択しなければなりません。しかし、初めて加工を勉強する人や学生の頃に少し勉強した人が急に加工に取り掛かろうとしてもなかなかすぐに上手くいかないことが多いです。

　本書では、機械加工の中で広く使われている、旋盤、フライス盤、研削盤、ボール盤およびNC工作機械をベースに、初めて加工の勉強を始める方や久しぶりに勉強する方を対象として、機械加工の基本的な事項をコンパクトにまとめてみました。そのため、本書に書かれている内容だけではすべてを網羅することはできません。ただ、本書を足掛かりに機械加工を身近に感じていただき、さらに深く専門書を読み進めていただくきっかけにしていただければ幸いです。

　本書の執筆に際しては、東京都立産業技術高等専門学校の朝比奈奎一先生、小出輝明先生、小林茂己先生、増田彦四郎先生、深山明彦先生、根澤松雄先生、国士舘大学の大髙敏男先生からご支援および貴重な資料をご提供いただきました。厚く御礼を申し上げます。

平野　利幸

機械加工が一番わかる

目次

はじめに・・・・・・・・・・・・3

第1章 機械加工の基礎知識・・・・・・・・・・・・9
1　機械加工とは・・・・・・・・・・・・10
2　工作機械の種類と加工方法・・・・・・・・・・・・12
3　切削加工・・・・・・・・・・・・14
4　切削工具と工作機械・・・・・・・・・・・・16
5　砥粒加工と研削加工・・・・・・・・・・・・18
6　研磨・・・・・・・・・・・・20

第2章 加工材料の性質と特徴・・・・・・・・・・・・23
1　鉄鋼・・・・・・・・・・・・24
2　合金鋼・・・・・・・・・・・・26
3　ステンレス鋼・・・・・・・・・・・・28
4　アルミニウム、アルミニウム合金・・・・・・・・・・・・30
5　銅、銅合金・・・・・・・・・・・・32
6　チタン、チタン合金・・・・・・・・・・・・34
7　ニッケル、ニッケル合金・・・・・・・・・・・・36

CONTENTS

 工具の種類と役割……………39

 1 バイト…………… 40
 2 フライス…………… 44
 3 ドリル…………… 48
 4 リーマ…………… 51
 5 タップ…………… 53

 旋盤……………57

 1 旋盤の特徴…………… 58
 2 旋盤の構造…………… 60
 3 旋盤の種類…………… 65
 4 旋盤の主な加工方法…………… 67
 5 基本操作❶ 心立て…………… 69
 6 基本操作❷ チャック…………… 71
 7 基本操作❸ バイトの取り付けとハンドル操作…………… 73
 8 基本操作❹ 切削条件…………… 75
 9 加工精度の基本…………… 77
 10 旋盤のメンテナンス…………… 79

第5章 フライス盤・・・・・・・81

1 フライス盤の特徴・・・・・・・82
2 フライス盤の構造・・・・・・・84
3 フライス盤の種類・・・・・・・88
4 フライス盤の主な加工方法・・・・・・・90
5 基本操作❶　万力の取り付け方・・・・・・・92
6 基本操作❷　万力を用いた工作物の取り付け方・・・・・・・94
7 基本操作❸　フライスの取り付け・・・・・・・96
8 基本操作❹　切削条件・・・・・・・98
9 加工精度の基本・・・・・・・100
10 フライス盤のメンテナンス・・・・・・・102

第6章 研削盤・・・・・・・105

1 研削盤の特徴・・・・・・・106
2 研削盤の構造・・・・・・・108
3 研削盤の種類・・・・・・・112
4 研削盤の主な加工方法・・・・・・・114
5 基本操作❶　平面研削盤の作業・・・・・・・116
6 基本操作❷　円筒研削盤の作業・・・・・・・118
7 基本操作❸　研削条件・・・・・・・120
8 加工精度の基本・・・・・・・122
9 研削盤のメンテナンス・・・・・・・124

CONTENTS

 ボール盤・・・・・・・・・・・・127

1 ボール盤の特徴・・・・・・・・・・・・128
2 ボール盤の構造と種類・・・・・・・・・・・・130
3 ボール盤の主な加工方法・・・・・・・・・・・・132
4 基本操作❶　工作物の取り付け方・・・・・・・・・・・・134
5 基本操作❷　ドリルの取り付け、取り外し・・・・・・・・・・・・137
6 基本操作❸　穴あけ・・・・・・・・・・・・139
7 基本操作❹　切削条件・・・・・・・・・・・・141
8 加工精度の基本・・・・・・・・・・・・143
9 ボール盤のメンテナンス・・・・・・・・・・・・145

 NC工作機械・・・・・・・・・・・・147

1 NC工作機械の特徴・・・・・・・・・・・・148
2 NC工作機械の構造・・・・・・・・・・・・152
3 NCプログラムの構成と作成手順・・・・・・・・・・・・154
4 NC旋盤のプログラミング・・・・・・・・・・・・157
5 NC旋盤のプログラミングの機能・・・・・・・・・・・・161
6 マシニングセンタのプログラミング・・・・・・・・・・・・163
7 加工精度の基本・・・・・・・・・・・・167
8 NC工作機械のメンテナンス・・・・・・・・・・・・169

参考文献・・・・・・・・・・・・171
用語索引・・・・・・・・・・・・172

CONTENTS

コラム｜目次

- 原始時代の穴あけ･････････････17
- 工作機械の操作記号　—直線運動と速度—･････････････22
- 工作機械の操作記号　—回転運動と速度—･････････････38
- 工作機械の操作記号　—安全—･････････････86
- 工作機械の操作記号　—切削運動—･････････････104
- 工作機械の操作記号　—操作—･････････････126
- 工作物の測定･････････････145
- 安全衛生の確保･････････････162

第1章

機械加工の基礎知識

　私たちは洗濯機、冷蔵庫などの家庭用電化機器、自動車、航空機などの輸送機械、コンピュータ、携帯電話などの情報機器など、日常生活でさまざまな機械を利用して生活しています。これらの機械は材料を有用な形に加工して組み立てられています。ここでは主な機械加工の概要を理解しましょう。

1-1 機械加工とは

●機械加工とは

　機械加工とは、切削、研削、せん断、鍛造、圧延等により金属、木材、その他の材料を有用な形にする加工のことをいいます。特に日本では、主に金属の工作物を、切削、研削または電気、その他のエネルギーを利用して不要な部分を取り除き、任意の形状に加工する作業のことをいいます。主な金属の加工では所要の形状に作り上げるために、旋盤やフライス盤、マシニングセンターなどの工作機械を用います。

●加工方法の分類

　加工方法としては次節で説明する切削加工・研削加工・研磨などさまざまな方法があります。また、これらの加工には専用の工具(エンドミル・バイト・ドリルなど) を用いて切削加工、研削加工などを行います。図1-1-1 に工具の違いによる加工方法の分類を示し、表1-1-1 に主な加工方法を示します。

図 1-1-1　主な加工方法

(a) 旋削法　　(b) フライス削り　　(c) 研削

表 1-1-1　主な機械加工の種類

加工方法	工具	加工の種類
切削加工	固定工具による切削	旋削 平削り 形削り、立て削り ブローチ削り フライス削り　など
	回転工具による切削	中ぐり 穴あけ、タップ立て、リーマ仕上げ 歯切り　など
砥粒加工	固定砥粒による加工	研削 ホーニング仕上げ 超仕上げ ラップ仕上げ（乾式） ベルト研削　など
	遊離砥粒による加工	ラップ仕上げ（湿式） バレル仕上げ 液体ホーニング 超音波加工 バフ仕上げ サンドブラスト　など
特殊加工		放電加工 電解加工 レーザー加工 電子ビーム加工 液体ジェット加工　など
非切削加工		鋳造 鍛造、圧延、引き抜き、押し出し ローラー仕上げ、バニシ加工 溶接　など

1. 機械加工の基礎知識

1-2 工作機械の種類と加工方法

●主な工作機械の切削

表1-2-1に切削加工および研削加工で使用する主な工作機械の種類とその加工方法について示します。機械加工ではさまざまな工作機械があり、その用途に応じて機械を使い分けます。図1-2-1に工作機械の写真を示します。

表1-2-1　主な工作機械の切削

加工方法	工作機械	説明
切削加工	旋盤	材料が回転し、そこに刃物をあて材料を削ります。旋盤は円形材料の加工に向いています。
	フライス盤	刃物が回転して、材料を移動しながら削ります。フライス盤は複雑な形状をした材料の加工に向いています。
	形削り盤	刃物を往復させて比較的小さい工作物の平面を切削する工作機械です。
	ボール盤	主軸に取り付けたドリルを回転させ、主に穴あけをする工作機械です。
	数値制御工作機械	数値制御装置を工作機械に連結し、自動的に行う加工機で、**NC工作機械**（NC：Numerically Controlled）または**CNC工作機械**（CNC：Computerized Numerically Controlled）といいます。
砥粒加工	研削盤	刃物工具にといし車を用いて研削（といし車を回転させて工作物を削ること）を行う工作機械のことです。
	研磨機	切削や研削などの前加工を終えたあとに滑らかな表面に仕上げるための加工機のことをいいます。

図 1-2-1 切削加工の主な工作機械

旋盤

フライス盤

ボール盤

CNC 旋盤

形削り盤

平面研削盤

研磨機

13

1-3 切削加工

●切削加工とは

　棒材、形材、鋳造および鍛造などによってつくられた工作物と刃物とに相対運動を与え、工作物の不要な部分を刃物で切りくずとして削り取って、所要の形状や大きさに仕上げる工作法を**切削加工**といいます。

　切削加工は切りくずを出さない工作法と比べて比較的高い工作精度が得られます。また、切削加工は金属材料だけでなく、木材やプラスチックなどの非金属材料の加工にも広く利用されています。

●切削加工と切削工具

　切削では、図1-3-1のように工作物の削ろうとする部分に、工作物より硬いくさび状の刃物を押し込んでいき、工作物から不要な部分を削り取ります。削り取られた不要な部分を**切りくず**といい、削られる前の面を**被削面**、削られた面を**仕上げ面**といいます。また、これらに用いる刃物を**切削工具**または**工具**といいます。

　切削工具の先端は、同図に示すようにすくい面、逃げ面および切れ刃からなり、この部分を**刃部**といいます。切削加工では、工作物の形状や切削加工の方式によってさまざまな工具が用いられます。

　図1-3-2に主な切削工具の刃部と加工例を示します。刃部の形状、硬さおよび強さなどは、切削の効率、仕上げ面の良し悪しおよび工具寿命などに大きく影響します。

図 1-3-1　切削のしくみ

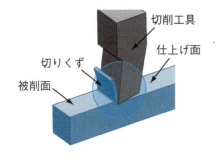
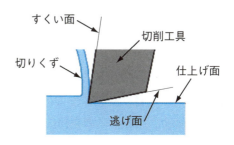

図 1-3-2　切削工具と加工例

（a）バイトによる外丸削り

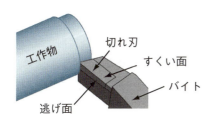

（b）フライスによる側フライス削り

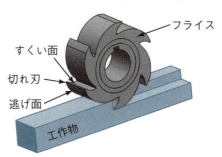

（c）ドリルの穴あけ

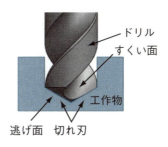

1-4 切削工具と工作機械

●工作機械の加工動作

　切削加工では、やすり作業のように手作業で切削する場合もありますが、多くの場合、機械と動力を使って工作物と切削工具に相対運動を与えて切削します。これに用いる機械を**工作機械**といいます。

　工作機械は切削工具と同じように、いろいろな形状の工作物を加工するため、工作物や切削工具の動きが異なります。図1-4-1に主な工作機械の加工動作を示します。工作機械では主に3つの動作があり、それぞれ**主運動**、**送り運動**、**位置調整運動**とよんでいます。

主運動

　工具と工作物との相対運動のうち、工具が工作物に接近または接触して工作物の所要の個所を分離除去する運動です。切削速度を得るための運動で、図1-4-1(a)の旋盤、図(b)のフライス盤、図(c)のボール盤では回転運動します。また、図(d)の形削り盤では切削工具が直線運動となります。

送り運動

　工具と工作物との相対運動のうち、主運動と協同して加工領域を拡張して、仕上げ面の輪郭を形成する運動です。切込み方向に工具を送る場合を**切込み送り**といいます。図1-4-1(a)、(b)、(c)のように主運動が回転運動のときは連続的に与えられます。また、図1-4-1(d)の形削りでのように直線運動のときは間欠的に与えられます。

位置調整運動

　工作機械の運動のうち、工具と工作物との相対位置を調整するための運動のことをいいます。図1-4-1(a)、(b)、(c)、(d)のように通常は主運動および送り運動に対して直角になります。

図 1-4-1　主な工作機械の切削の運動方向

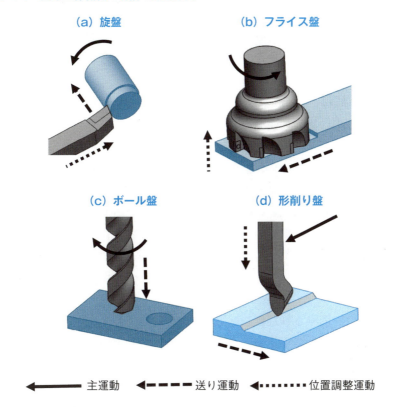

← 主運動　　◀━━━ 送り運動　　◀┄┄┄┄ 位置調整運動

> **! 原始時代の穴あけ**
>
> 　原始時代の初期の農耕では、木や石でつくられた道具を使っていましたが、やがて、木と石、木と木などを組み合わせて道具をつくるようになりました。その後、いくつかのものを組み合せるために、溝や穴を用いる工夫がされました。初期の穴あけ方法は棒の先端に石ややじりを取り付け、それを素手で回していたそうです。そして、弓の弦をきりの柄に巻き付けて、その弓を左右に動かすことできりを回転させる弓切りが利用されるようになりました。この穴あけは現在の原理とほとんど同じで、人間のつくった道具で最も古いもののひとつとされています。

1-5 砥粒加工と研削加工

●砥粒加工とは

　砥粒加工は工作物より硬い周囲が切れ刃となった砥粒で、工作物をわずかに削り取って仕上げる加工方法です。砥粒加工は、**固定砥粒**による加工と**遊離砥粒**による加工に分けられます。固定砥粒による加工では、砥石や砥粒を布紙に結合、付着させた研磨布紙などによる加工があります。砥石車を使用する砥粒加工を**研削加工**といいます。遊離砥粒による加工では、砥粒を結合しないで、粒子の状態で用いたり、あるいは液体に混合して用いたりする加工のことをいいます。

●研削加工とは

　研削加工は、固定された砥石を用いて工作物を削ります。回転運動が与えられた砥石内の砥粒で工作物の表面を削ることで、その面を平滑にし、精密に仕上げていきます。すなわち、研削は刃物に相当するものとして、きわめて硬い物質の粒子である砥粒を使い、その鋭い角を切れ刃として切削を行います。バイトなどの切削工具では加工できない焼入れされた鋼のような硬い工作物の加工に多く用いられ、また、ひとつひとつの刃先はバイトやエンドミルの刃先より細かいため、表面粗さは切削加工より向上します。

●砥石車による研削

　加工が進行すると、砥粒の刃先が摩耗して切れが悪くなり、砥粒にかかる加工反力が大きくなります。この反力がある大きさを超えると、砥粒が破砕したり、砥粒を支えている結合剤が耐えられなくなり砥粒が脱落して、新しい砥粒の面が現れて切れ味の良い新しい砥粒で加工ができるようになります。これを**自生作用**といい、砥石車の優れた特徴になっています。

　砥石車は図1-5-1に示すように砥粒、結合剤、気孔の3要素からできています。砥粒の鋭い角が切れ刃の役目をし、結合剤はこの切れ刃を保持します。

砥粒と結合剤の間にある空間は、切りくずの逃げ場となって、研削による発熱も抑えます。よって、砥石車の性能は、この3要素が混ざり合う割合、砥粒、結合剤の材質およびその結合の仕方によって左右されます。

図 1-5-1　砥石車による切削

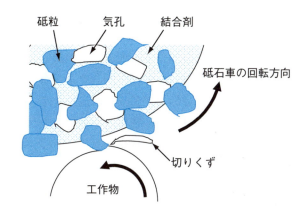

図 1-5-2　砥石の自生作用

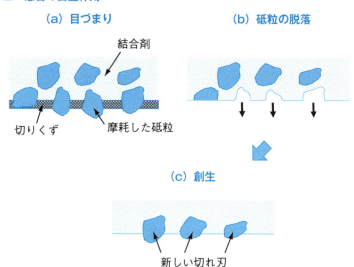

1-6 研磨

●遊離砥粒加工

遊離砥粒とは、砥粒が砥石やベルトなどに固定されず、遊離状態にある砥粒のことをいいます。凹凸のある個体の表面を、その個体より高度の高い物体をこすりつけることで平面を維持したり、凹凸を滑らかにしたりすることです。砥石や研磨布紙などには研磨材が使用されています。

研磨材の最小構成物は**砥粒**と呼ばれ、構成する砥粒の大きさによって研磨や研削の力の大小が決まります。精密な機械部品の仕上げ、レンズや光学ガラスの仕上げ、半導体部品の仕上げなどに用いられています。ここでは遊離砥粒加工をいくつかご紹介します。

●ラッピング仕上げ

ラッピング仕上げは図 1-6-1 に示すように**ラップ**と呼ばれる工具の表面に工作物を押し付け、その間にラップ剤を加えて毎分数十から数百メートルの速度で相対運動させ、工作物表面から微量の切りくずを取り除いて工作物の寸法精度を高め、仕上げ面を滑らかにする加工方法です。

図 1-6-1　ラッピング仕上げ

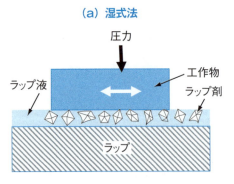
（a）湿式法

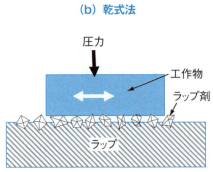
（b）乾式法

●ポリッシング

　ラッピングにおける砥粒をさらに細かくし、工具は軟質に変えたものです。研磨剤の中の個々の砥粒切れ刃の作用は、ラッピングに比べて小さく、鏡面仕上げが可能で、高精度、高品質の加工面を得ることができます。

●化学研磨

　高温の酸性溶液中に品物を入れ、研磨を行う方法です。ひとつひとつ電極に付けられないような、小さなものの場合に有効です。

●バレル研磨

　機械の中に溶液と石を入れて混ぜることで、研磨する方法です。電解研磨では対応できない大きさのもの（治具にはめられないほど小さいもの）に対応しています。細かい傷を取り除いて光沢を得たり、バリを除去するときに有効です。

●ショットブラスト

　ステンレスのビーズを勢いよく吹き付けることで、表面を梨地状にざらつかせます。滑り止め目的や、表面の見せ方として活用することが多い方法です。

●バフ研磨

　バフは高速回転する円盤からなり、その円周面に砥粒を付着させ、これに工作物を当てて磨き加工を行います。研磨剤である砥粒は**バフ**とよばれる布または皮革などの柔軟性のある材料に保持されて、周速 2000～3000 m/min 程度の回転運動により工作物を研磨します。板状のものや棒状のものなど、比較的簡単な形状のものに研磨加工を行うことで、良い光沢が得られます。

❗ 工作機械の操作記号 ―直線運動と速度―

　工作機械を使用するとき、作業者が操作方法や操作条件を分かりやすいように、工作機械の表示板または押しボタンに表示する記号がJISに規定されています。直線運動の運動方式、方向、向きを示す記号の一部を示します。

（JIS B 6012-1 より）

名称	記号
連続直線運動の動き	→→
2方向の直線運動	←→
定位置への直線運動	→⊣
定位置間往復直線運動	⊢→ ←⊣
連続往復直線運動	← →

第2章

加工材料の性質と特徴

　工業製品や装置などには多くの材料が使用されています。これらの材料の性質、特徴を理解し、使用目的に応じた材料を選ぶことが重要です。ここでは機械加工で使用される主な材料の性質と特徴を理解しましょう。

2-1 鉄鋼

●普通鋼

　鋼は普通鋼、特殊鋼および鍛造鋼に分かれています。図 2-1-1 に JIS に基づく鋼の簡略化した分類を示します。鉄に炭素 C、ケイ素 Si、マンガン Mn、リン P、硫黄 S の 5 元素が入った鋼が**炭素鋼**または**普通鋼**と呼ばれ、JIS 記号では、SS、SB、SV、SM などで表します。また、普通鋼は、条鋼、厚板、薄板、鋼管、線材および棒のような形状で分類されます。

　普通鋼は JIS で決められている鋼材の内で、最も多く使用されているものです。特に SS 400 の使用量が多く、主要部材を除くほかは、多くの機械および構造部材として用いられています。

　鉄鋼製品は、強い、加工しやすい、精度が高い、割れにくい、溶接しやすいなどの特徴があります。特に SS 400 に代表される鉄鋼は、安価であること、溶接性に優れていること、さまざまな熱処理ができることなどの特徴があります。

●特殊鋼

　炭素鋼は一般に 0.6% C 以下のものは構造用に用いられ、それ以上のものは工具用に使われます。材料名は SS 400 のように数値が最低引張強さを表す**一般構造用圧延鋼材**や S 45C のように炭素量の代表値を 100 倍した数値で表す**機械構造用炭素鋼**などがあります。図 2-1-2 に鉄鋼製品の一例を示します。鋼材は JIS によって厳密に規格が決まっており、さまざまな分野で利用されています。

　加工性については、炭素の量が多くなるにつれて硬さ、引張強さが大きくなり、切削しにくくなります。溶接では、炭素の量が多くなると、冷却したときに割れが発生しやすいです。炭素量の少ないものは展延性が大きいので、線材や板材に適しています。

図 2-1-1　JIS による鉄鋼材料の分類

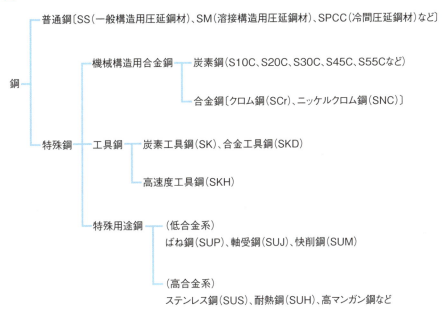

図 2-1-2　鉄鋼製品の一例

（a）エンジン部品　　　　（b）鉄道　　　　　　（c）工具

2-2 合金鋼

●合金鋼

　鋼材は、使用範囲を広げるために、炭素鋼よりも引張強さ、硬さ、耐食性、耐熱性などに優れた性質が必要となってきました。そこで、炭素鋼に炭素C以外の合金元素を加えて、優れた性質をもつ鋼が色々つくられています。このような鋼を**合金鋼**といいます。

●合金鋼の分類

　普通鋼に特殊元素が入って特殊な性質を示すものを**特殊鋼**といいます。特殊鋼は以下のように性状別に分類されます。また、図2-2-1に各合金鋼でつくられた部品の一例を示します。

機械構造用合金鋼

　炭素鋼に少量の合金元素を加えて引張強さ、加工性、耐候性、溶接性および対磨耗性などをもたせた鋼で、強じん鋼、高張力低合金鋼、表面硬化用鋼があります。軸、歯車、ボルト、船舶、建設用などに使われます。

工具用合金鋼

　工具鋼として必要な性質を向上させるために、炭素鋼に合金元素を加えたものが**合金工具鋼**です。切削用、耐衝撃用、耐摩不変形用および熱間加工用に分けられています。帯のこ、ゲージ、タップ、ダイスブロックなどに使われます。

耐食・耐熱用鋼

　鉄鋼は腐食されやすい材料で、高温では非常に酸化しやすく、引張強さやかたさが減少するなどの欠点があります。そこでクロムCrやニッケルNiを比較的多く加えて耐食性や耐熱性を高めた鋼が耐食鋼や耐熱鋼です。流し

台、航空機部品、化学工業装置などに使われます。

特殊用途用鋼

生産性を上げるために、切削後の切粉（きりこ）処理や切削抵抗を改善できる被削性の良い材料として快削鋼があります。硫黄快削鋼は切粉が細かく分断され、切削しやすいです。また、リンPbを加えた鉛快削鋼は、熱処理もできるので多くの機械部品に使用されています。

ばね鋼は弾性限度の高い鋼で、使用目的がばねであるものを**ばね鋼**といいます。ばねには多くの種類がありますが、用途に応じてばね鋼鋼材、特殊帯鋼、硬鋼線材、ピアノ線材などを使います。

玉軸受やころ軸受に耐磨耗性、耐久性が大きい**軸受鋼**が使われます。軸受の鋼球、ころおよび外輪に使われます。

図2-2-1　合金鋼の用途例

（a）機械構造用合金鋼（軸）

（b）工具用合金鋼（タップ、ダイス）

（c）耐食・耐熱用鋼（流し台）

（d）特殊用途用鋼（玉軸受）

2-3 ステンレス鋼

●ステンレス鋼

　前節の合金鋼のひとつにステンレス鋼があります。鋼にクロム Cr を加えると耐食性が著しく向上し、Cr が約 12% 以上になるとほとんど腐食されなくなります。そのため、Cr が 12% 以上のものを特に**ステンレス鋼**といいます。また、ニッケル Ni、マンガン Mn、モリブデン Mo、ニオブ Nb、チタン Ti、銅 Cu などを添加することで、耐食性を向上させることができます。

　ステンレス鋼には Cr 系ステンレス鋼のほかに Cr と Ni を加えた Cr-Ni 系ステンレス鋼もあります。表 2-3-1 にステンレス鋼の特徴と用途例を示します。SUS 630 は SUS 301 にアルミニウム Al を添加し、折出硬化によって弾性限度を高めた鋼などもあります。図 2-3-1 にステンレス鋼を用いた製品例を示します。

表 2-3-1　ステンレス鋼の特徴と用途例

種類	記号	特徴	用途例
Cr 系ステンレス鋼	SUS410	良好な耐食性、加工性をもつ。	一般用途用、刃物類など
	SUS430	冷間加工性、耐食性がよい。	建築材料、厨房器具、一般家庭用器など
Cr-Ni 系ステンレス鋼	SUS302	耐食性、機械的性質がよい。	一般用途用、科学、刃物など
	SUS304	溶接性を増加、耐食性、耐熱性を増加させる。	一般溶接用、科学工業、食品設備など
	SUS630	金属間化合物を析出させ、高い強度と耐食性がある。	腐食環境、シャフト類、タービン部品など

図 2-3-1　ステンレス鋼の製品例

（a）刃物

（b）ノギス

（c）フレキシブル管

（d）フランジ配管

（e）ゴルフクラブのヘッド

（f）ラック＆ピニオン

2-4 アルミニウム、アルミニウム合金

●アルミニウム鋼

アルミニウム Al の最大の特徴は軽いということで、鉄の比重の約 1/3 の 2.7 です。また、電気や熱をよく伝え、熱や光をよく反射します。

アルミニウムは、空気中では酸素と化合して、緻密な酸化被膜 Al_2O_3 ができ、金属内部を保護します。しかし、塩類、硫酸、アルカリ水溶液などには酸化被膜を侵されるので、耐食性が悪いです。

鉄鋼に比べて融点がはるかに低く、特にケイ素 Si を含む合金は鋳造しやすいです。アルミニウムは線、棒、板などに加工しやすく、曲げ加工、絞り加工のほか、箔にすることも容易です。強力切削もできますが、溶接は鋼よりも難しいなどの特徴があります。

●アルミニウム合金

アルミニウムの利用分野は多岐にわたります。その多くは、合金として利用され、展伸材合金、鋳物用合金およびダイカスト用合金があります。展伸材用合金は大きく 8 種類に分かれ、鋳物用合金は AC1 ～ AC9、ダイカスト用合金は ADC1 ～ ADC14 に割り振られていて求められる特性に応じて使い分けます。また、展伸材、鋳物およびダイカスト用合金は非熱処理と熱処理の合金に分類することができます。表 2-4-1 にアルミニウム合金（展伸材用）の特徴と用途例を、図 2-4-1 にアルミニウム合金の製品例を示します。

表2-4-1 アルミニウム合金（展伸材用合金）の特徴と用途例

種類			特徴	用途
非熱処理合金	純アルミニウム	1000番台 A1070など	純度99％以上の工業用純アルミのこと。	家庭用品や電気器具など
	Al-Mn系	3000番台 A3003など	加工性や耐食性を低下させずに強度をあげたアルミ。	アルミ缶や屋根材、建築材など
	Al-Si系	4000番台 A4032など	熱膨張を抑えて耐摩耗性を改善。	ろう材、ピストンなど
	Al-Mg系	5000番台 A5052など	強度や溶接性を向上。	船舶、車両の溶接構造用材料など
熱処理合金	Al-Cu-Mg系	2000番台 A2017など	機械的強度向上。	構造用材、航空機材料など
	Al-Mg-Si系	6000番台 A6063など	強度、耐食性を向上。	ボルトやナット、サッシなど
	Al-Zn-Mg系	7000番台 A7075など	アルミ合金の中で最も強度を高めたアルミ。	溶接構造用材料
その他の合金	Al-Li系など	8000番台 A8021など	高強度のアルミ合金にさらにLi（リチウム）を添加して低密度・高剛性にしたアルミ。	アルミニウム箔地、装飾用など

2．加工材料の性質と特徴

図2-4-1 アルミニウム合金の製品例

（a）インペラー

（b）放熱フィン

2-5 銅、銅合金

●銅

銅 Cu は熱伝導、導電性がよく、大気中の耐食性に優れ、加工しやすく、そのうえ色や光沢が美しいので古くから使われています。しかし、強さ、かたさなどの機械的性質が十分ではないので、構造材には適しません。

●銅合金

銅は種類別に見ると、純銅、黄銅、青銅、白銅、洋白などがあります。純銅以外は、銅に亜鉛 Zn や鉛 Pb、すず Sn、アルミ Al、ニッケル Ni などを単独もしくは複数組み合わせた銅合金です。また銅にはその製法から伸銅品と鋳物があり、伸銅品では多彩な合金が利用されています。

銅合金（伸銅）の表記記号は、これらの分類と合致しております。表2-5-1 に主な銅および銅合金の特徴を示します。JIS では銅や銅合金をアルファベットの C と 4 桁の数字を用いて表します。

- 1000 番台： 純銅もしくは銅を多く含む合金類で、ベリリウム銅やチタン銅なども含む銅合金です。
- 2000 番台： 黄銅や丹銅のような銅と亜鉛の Cu-Zn 系の銅合金です。
- 3000 番台： 加工性をあげるために鉛 Pb を添加した快削黄銅です。
- 4000 番台： Cu-Zn 系にすず Sn を添加したネーバル黄銅です。
- 5000 番台： りん青銅です。
- 6000 番台： アルミ青銅もしくは楽器弁用黄銅、高力黄銅です。
- 7000 番台： 洋白や白銅といった種類があります。

また、銅合金鋳物は伸銅品と同じようにアルファベットの CAC と 3 桁の数字を用いて表し、CAC 100 番台から CAC 900 番台まであります。

表 2-5-1 銅合金（伸銅品）の特徴と用途例

合金名	合金番号	特　　徴	用　途
無酸素銅	C1011 など	電気や熱伝導性、溶接性に優れる。	電気用品など
タフピッチ銅	C1100	電気や熱伝導性、展延性、絞り加工が良い。	電気用品など
リン脱酸銅	C1201 など	展延性、絞り加工、溶接性が良い。	化学工業用など
丹銅	C2100 など	光沢があり、展延性、絞り加工性、耐食性に優れる。	装身具など
黄銅	C2600 など	展延性、絞り加工性、めっき性が良い。	端子コネクターなど
快削黄銅	C3560 など	黄銅に鉛を添加して被削性を改良。	歯車、機械部品など
鍛造用黄銅	C3712 など	被削性を損ねずに熱間鍛造性を向上。	バルブ、機械部品など
すず入り黄銅	C4250	耐応力腐食割れ性、耐摩耗性、ばね性に優れる。	スイッチ、端子コネクターなど
アドミラルティ黄銅	C4430	耐食性、特に耐海水性に優れる。	熱交換器など
ネーバル黄銅	C4621 など	強度と耐海水性に優れる。	船舶用部品など
りん青銅	C5102 など	耐疲労性、ばね性が良い。	スイッチ、ばねなど
快削りん青銅	C5341 など	りん青銅に鉛を添加して被削性を改良。	歯車、コネクターなど
アルミニウム青銅	C6340 など	強度、耐食性、耐摩耗性に優れる。	車両機械、ギアシャフトなど
高力黄銅	C6782 など	黄銅に高強度をもたせた合金。	船舶用プロペラ軸など
アルミニウム黄銅	C6870 など	耐海水性に優れる。	熱交換器など
白銅	C7060 など	耐海水性と高温強度に優れる。	熱交換器など
洋白	C7351 など	銀白色の光沢をもつ。耐疲労性、耐食性に優れる。	洋食器、医療機器など
快削洋白	C7941	洋白に鉛を添加して被削性を改良。	ボルト、ナットなど

2・加工材料の性質と特徴

2-6 チタン、チタン合金

●チタン

　チタン Ti は比重が 4.5 で軽く、350~500 MPa くらいの引張強さをもち、耐食性もステンレス鋼より優れていて、耐熱性もあります。展延性は、炭素鋼とほぼ同じで、板材、棒材、鍛造品として、航空機、化学機器、熱交換器などに用いられています。JIS 規格では1種から4種まで分類されています。

　純チタンは酸素 O、鉄 Fe の含有量によって区別されています。1種はその含有量が最も少なく最も柔らかい純チタンです。一方、4種は O、Fe の含有量が高く最も硬くなります。国内では強度と加工性のバランスが良いとされる2種が多く使用されています。

●チタン合金

　チタン合金はチタンの機械的な強度や加工性の向上目的につくられています。高強度、耐熱性、加工性、生体適合性、耐クリープ性、耐キズ付き性、溶接性、耐熱性などそれぞれに適した改良がされてきました。チタン合金の種類はとても多くあり、チタン内部の結晶構造の組織から、以下の5種類に分類できます。

α合金
　耐食性に優れており、溶接性、クリープ特性など高温環境でも優れています。高温下での耐酸化性が求められる環境下や反対に極低温の環境下でも脆性破壊を起こしにくく延性や靭性に富んでいます。

Near α
　$α$-$β$ 合金の中で $β$ 安定化元素濃度が低い合金です。

α-β合金
　$α$ 合金と $β$ 合金の持つ特性で、延性、靭性、加工性、溶接性、強度でバランスの良い高さを持ちます。耐食性に優れます。

Near β

α-β合金の中でβ安定化元素濃度が高い合金です。

β合金

チタン合金の中でも最も強度が優れています。さらに、溶体化時効処理によってさらに強度が高くなります。耐食性を向上させた種類もあり、加工性に優れています。

JISではチタンTiにパラジウムPbを使った合金や、チタンにルテニウムRuを使った耐食チタン合金が13種類あり（第11種〜第23種）、チタンにアルミニウム、バナジウムを含有したチタン合金が5種類あります(第60種、第61種、第80種)。図2-6-1にチタンおよびチタン合金の製品例を示します。

図2-6-1 チタンおよびチタン合金の製品例

（a）眼鏡のフレーム

（b）タービンブレード

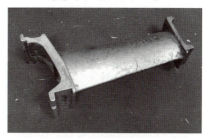

（c）時計

（d）マフラー

2-7 ニッケル、ニッケル合金

●ニッケル

　ニッケルは、熱間加工、冷間加工のいずれも容易で、電気抵抗が高く耐食性に優れています。特にアルカリに強く、酸にもなかなか侵されず、また、500℃までの耐熱性が良い金属です。純ニッケルは、めっき用極板、化学工業用、電子工業用、触媒などに使われます。

●ニッケル合金

　ニッケルにバナジウム V、クロム Cr、ケイ素 Si、アルミニウム Al、チタン Ti、モリブデン Mo、マンガン Mn、亜鉛 Zn、すず Sn、銅 Cu、一酸化炭素 Co、鉄 Fe などを加えたものがあり、何をどれくらい添加させるかで合金の性質が変わってきます。Cu、Cr などを加えて使用目的に適した性質を向上させた合金として、モネルメタル、ニクロムなどが使われています。

　合金成分の含有量や種類によっていくつかに分類されます。耐熱性、耐食性を向上させたものが多くあります。市場に出回っているニッケル合金の殆どは、商標名がついており、それらの方が良く知られるようになったため、一般的に使われるようになった合金名もあります。ハステロイ、モネル、インコネル、インバー、コンスタンタン、ユーリカ、アドバンスなどのニッケル合金材料が製品化されています。

　表 2-7-1 に主なニッケル合金の特徴と用途例を、図 2-7-1 に主なニッケル合金の製品例を示します。

表 2-7-1　ニッケル合金の特徴と用途例

材質名	商標名	特徴	用途
NCH-1	ニクロム1号	高温の強度が高く、耐酸化性が良い。	工業用。家庭電化器具用ヒーターエレメントなど
Alloy 601	インコネル601	高温での耐酸化性、高温耐食性に優れ、高温での機械的特性も高い。	工業用加熱炉、ガスタービン部品など
Alloy X	ハステロイX	高温での強度と耐酸化性を有す耐熱合金で、固溶化熱処理状態では強度が高いにも関わらず加工性が良い。	ガスタービン部品、熱処理設備など
Alloy C-276	ハステロイC-276	腐食環境に対して耐食性が優れており、溶接性も良い。	公害防止、排煙脱硫装置、化学工業設備など
Alloy 400	モネル400	強度があり、加工性が良く、海水、酸、アルカリなど広範囲で耐食性に優れている。	製塩、石油精製装置、船舶用部品など
CN49	コンスタンタン	低温用熱電対、補償導線に適した抵抗合金である。	低温用熱電対、補償導線
FN-36	インバー	常温付近では温度による形状変化がほとんどない。	長さ基準計、輸送設備、サーモスタットなど

図 2-7-1　ニッケル合金の製品例

（a）タービン動翼

（b）タービン静翼

（c）熱電対

❗ 工作機械の操作記号　—回転運動と速度—

　回転運動の運動方式、方向、向きを示す記号の一部を示します。これらは主に主軸の回転を操作するときに、正転、逆転などの指示を表すときに用いられています。

（JIS B 6012-1 より）

名称	記号
連続回転運動の向き	
2方向の回転運動	
定位置への回転運動	
定位置間往復回転運動	
連続往復回転運動	
主軸回転運動の向き	
1回転	

第3章

工具の種類と役割

　金属を削るためには工作機械を使います。その工作機械の主な種類として、旋盤、フライス盤、ボール盤などがあります。そして、これらの機械で金属を削るときに、切削工具が必要となります。その工具にはさまざまな種類があり、加工する形状によって使い分けます。ここでは主な切削工具であるバイト、フライス、ドリル、リーマの4種類について理解しましょう。

3-1 バイト

●バイトとは

　切削工具のひとつであるバイトは旋盤をはじめ形削り盤などの作業に主に用いられます。旋削加工の中でも、外丸削り、面削り、中ぐりなどの作業などに使われますが、刃部の構造、形状、機能および用途によって多くの種類に分けられます。

●バイトの要素

　バイトの各部の名称は図 3-1-1 の(a)に示します。切削で最も重要な工具の面はすくい面と逃げ面であり、**すくい面**とは、工具が工作物に負荷を与える面のことです。**逃げ面**とは、工具が切削面を摩擦しないようにするための面のことです。これらの面が設定されたとき、**すくい角**（すくい面の角度）および**逃げ角**（逃げ面の角度）が決まります（図 3-1-1(b)）。切りくず生成のための役割としてすくい角はとても重要です。

●バイトの種類

　一般的にはいろいろな刃部の材質、構造、形状、機能または用途などによる分類方法があり、その分類による呼び名がバイトの名前として使われていることが多いです。ここでは、バイトを刃部の構造によって分類し説明します。
　図 3-1-2 に示すようにバイトは「むくバイト」、「付刃バイト」および「クランプバイト」の 3 つに分けられます。

図 3-1-1　バイトの各部と刃部の角度の名称

（a）バイトの各部の名称

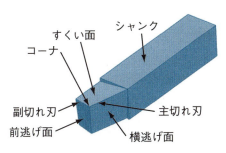

（b）すくい面と逃げ面の角度

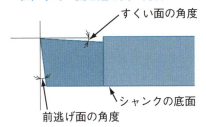

図 3-1-2　バイトの刃部の構造

（a）むくバイト　　　（b）付刃バイト　　　（c）クランプバイト

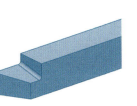
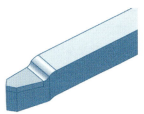

● **むくバイト**

　むくバイトは刃部とシャンクが同一の材質でできていて、これらには一般に高速度鋼が用いられています。これは主にバイトホルダに取り付けて使用されますが、小形の旋盤ではそのまま使用することもあります。

　バイト材料は熱処理をされており、特に、使用するときに刃部を研削、成形して使用するものを**完成バイト**と呼びます。完成バイトに関しては6種類の形状の断面がJISによって定められています（図3-1-3）。

● **付刃バイト**

　付刃バイトは高速度工具鋼や超硬合金やダイヤモンドなどのチップをシャンクにろう付けまたは溶接してあり、バイトの中でも最も広く使われています。付刃バイトは、下のように番号によってその付刃部の形状を分類しています。また、図3-1-4には高速度鋼付刃バイトの形状とその名称を示します。

　　10～16　普通のバイト　　　21～23　平刃の仕上げバイト
　　31～33　突切りバイト　　　41～43　穴ぐりバイト
　　51～53　ねじ切りバイト

● **クランプバイト**

　超硬合金などのチップをホルダに差し込み、締め付けて用いるものを**クランプバイト**といいます。また、切れ刃が摩耗した場合、それを再研削しないで残りの各コーナーを使い、すべてのコーナーを使い終わったらそのチップを破棄することができるものもあります。これを、特に**スローアウェイバイト**といいます。図3-1-5にこれらの2種類のバイト、**クランプバイト**と**スローアウェイバイト**を示します。

　旋削用のバイトにはこれまでに紹介した3種類のバイトの他に、差し込みバイト、丸コマバイト、腰折れバイトなどといった様々な種類のバイトもあります。

図3-1-3 完成バイトとバイトホルダ

(a) 1形(方形バイト)　(b) 2形(長方形バイト)　(c) 3形(板バイト)
(d) 4形(台形バイト)　(e) 5形(ステッキバイト)　(f) 6形(丸形バイト)

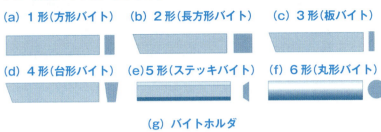

(g) バイトホルダ

図3-1-4 高速度鋼付刃バイトの形状と名称

(a) 10形（真剣バイト）　(b) 22形（ヘール仕上げバイト）　(c) 32形（ヘール突切りバイト）

(d) 42形（穴仕上げバイト）　(e) 52形（めねじ切バイト）

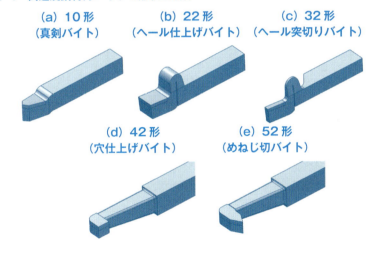

図3-1-5 クランプバイトとスローアウェイバイト

(a) クランプバイト　(b) スローアウェイバイト

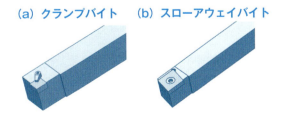

3-2 フライス

●フライスとは

　回転によって平面、曲面、ねじ、みぞ、歯形などを加工することができる工具を**フライス**といいます。フライス工具は多くの種類があり作業の内容に応じて分類されます。この工具には高速度工具鋼、超硬合金およびサーメットなどが主に用いられています。

●フライスの種類

　フライス加工では工具を回転させて、平面、曲面、ねじ、みぞ、歯形などを加工することができます。ここでは、外周刃を持つものと端面刃を持つものの2種類について紹介します。ここで紹介する種類のほかに座ぐりフライス、面取りフライス、あり溝フライス、T溝フライスなどもあります。

●平フライス

　平フライスは平面削りによく使われる工具で、普通刃と荒刃に分かれます。円筒の外面に切刃があり、フライスの主軸と平行な面を削ります（図3-2-1）。

●側フライス

　外周と側面に切刃があり、直角な面に対してはこの2つの刃で2面を同時に削ることができます。また、幅決めやみぞの加工に使われます（図3-2-2）。

●溝フライス

　外周に切刃があり、溝削りに使われます（図3-2-3）。

● **メタルソー**

平フライスと同じ形状でその刃幅が非常に狭くなったものです。メタルソーとすりわりフライスは似た形状ですが、メタルソーは浅い溝を削り、一方、すりわりフライスは切断にも使われます（図 3-2-4）。

図 3-2-1　平フライス

　　　　(a) 普通刃　　　　　　　(b) 荒刃

図 3-2-2　側フライス　　　　　図 3-2-3　溝フライス
　　　　普通刃　　　　　　　　　　溝フライス

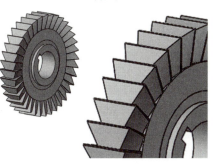

図 3-2-4　メタルソー

　　　　(a) メタルソー　　　(b) すりわりフライス

● **角度フライス**

　外周に角度の付いた切刃があり、さらに角度フライスには片角フライス、等角フライスおよび不等角フライスなどに分類されます。例えば、片角フライスは傾斜面、アリみぞおよびフライスカッタなどの加工に使われます（図3-2-5）。

● **正面フライス**

　回転軸に垂直な端面と外周の両方に切刃があり、平面削りの際によく使われます。ボディーにブレードをねじで締め付けたスローアウェイフライスもあります（図3-2-6）。

● **エンドミル**

　外周と端面の両方に切刃を持ち、みぞ削り、輪郭削りおよび直角な2面の切削などに使われます。小径のエンドミルにはシャンクが円筒状のストレートシャンクが使われ、比較的大径のエンドミルはシャンクが円錐状になっているテーパシャンクが使われます（図3-2-7）。

● **フライスの要素**

　フライスの各部の名称を図3-2-8に示します。フライスの大きさは外径と幅で呼ばれるものと、外径で呼ばれるものがあります。平フライス、みぞフライス、側フライスでは外径と幅で呼ばれており、正面フライスは外径で呼ばれています。

　同図(d)にフライスの刃部の名称を示します。刃部の形状や大きさは工具寿命、仕上げ面のよしあしなどに大きく影響するので、切削条件によって正しく選ぶ必要があります。

図 3-2-5　角度フライス　　　　　　　図 3-2-6　正面フライス

（a）片角フライス　（b）等角フライス　　（a）6 枚刃　　　　（b）12 枚刃

図 3-2-7　エンドミル

（a）ストレートシャンクエンドミル　　　（b）ダンク付きテーパシャンクエンドミル

図 3-2-8　フライスの各部の名称

（a）平フライス　　　　　　　　　　　（b）スローアウェイ形
　　　　　　　　　　　　　　　　　　　　超硬植刃正面フライス

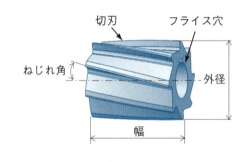
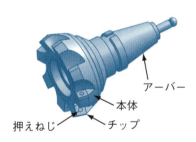

（c）テーパシャンクエンドミル　　　　　（d）フライスの刃部

3-3 ドリル

●ドリルとは

　ドリルにはいろいろな種類がありますが、穴あけ工具のうち、単にドリルという際は、最も代表的なねじれドリル（ツイストドリル）のことをいいます。

●ドリルの種類

　ドリルは用途に応じて、その工具を使い分けする必要があり、さらに、穴の径と深さによっても使い分けをします。穴の径は 0.02 mm 程度から 100 mm 以上のものがあります。

　また、長さについては、基本的には径が大きくなるにつれ長さも大きくなりますが、同じ径でもその用途に応じて長さは様々です。ここでは 5 つのドリルの種類について説明します。

●ねじれドリル（ツイストドリル）

　刃部とシャンク部からなるこの工具は、先端の 2 枚の切刃で切削を行い、切りくずは 2 つのねじれ（らせん）溝を通って排出されます（図 3-3-1）。

●直刃ドリル（ストレートドリル）

　ねじれドリルに対してねじれのないドリルを**直刃**（ちょくば）**ドリル（ストレートドリル）**といいます。一般的には、切りくずがつながらないで出る材料に穴をあける場合に使われます（図 3-3-2）。

●センタ穴ドリル

　旋盤作業のとき、心押台のセンタ先端が入る穴をあけるために用いるのが**センタ穴ドリル**です。これは先端角が 60°で、心押台のセンタと同じ角度になっています（図 3-3-3）。

●ガンドリル

穴の深さが穴の直径の 10 倍以上ある穴あけには、ガンドリルのような特殊な形状の工具が適しています。ガンドリルのシャンクは半月状断面であり、先端に刃部（超硬合金）と案内部が設けられています（図 3-3-4）。

●段付きドリル

ランド部に段を付けて、図 3-3-5 のように同軸上に径の違う 2 つ以上の穴を同時に加工できるようにしたドリルです。段部は角度のついたものと平らのものがあります。

図 3-3-1　ねじれドリル

図 3-3-2　直刃ドリル

図 3-3-3　センタ穴ドリル

図 3-3-4　ガンドリル

図 3-3-5　段付きドリル

● **ドリルの要素**

　ここではねじれドリルの各部の名称を図3-3-6に示します。ドリルは切刃を備えた本体とシャンクの2つの部分からなります。シャンクはテーパのものとストレートのものとがあります。テーパシャンクは直径75 mm程度までの大きな直径ドリルに用いられます。ストレートシャンクは直径13 mm以下の比較的小径のドリルに用いられ、ドリルチャックで保持して取り付けられます。

　ドリルの刃部の材料には、高速度工具鋼が最も多く使用されていますが、超硬合金も使用されています。

図 3-3-6　ドリルの各部の名称

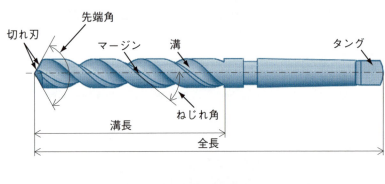

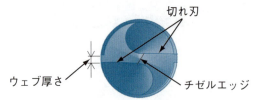

3-4 リーマ

●リーマとは

穴の加工に用いられる工具です。ドリル加工または中ぐり加工との違いは、その加工の正確さにあります。あらかじめドリル加工または中ぐり加工によってあけられた円筒または円すい状の下穴は、内径、真円度、真直度、仕上げ面の粗さなどがあまり良好ではなく、こういった問題をなくすためにリーマを用います。

●リーマの種類

円周方向に複数の切刃をもち、一種のフライス工具とみなすこともできます。一般に、直径 10 mm 以下の穴の加工に使用します。リーマは、作業方法によって、手回し作業用と機械作業用のものがあり、また、刃は直刃とねじれの2種類があります（図3-4-1）。

●リーマの要素

リーマの各部の名称を図3-4-2に示します。ドリルと同様に切刃を備えた本体とシャンクの2つの部分に分けられます。リーマの刃で実際に切削するのは食いつき部の刃です。この食いつき部は、リーマの種類によってさまざまあります。シャンクはテーパシャンクとストレートシャンクの2種類があります。手回し作業用ではストレートシャンクを持ち、食付き角が1°〜2°にとられています。また、機械作業用ではテーパシャンクまたはストレートシャンクをもち、食付き角は45°にとられています。

リーマの材料には、主にハイスや超硬合金が使われます。

図 3-4-1　リーマの種類

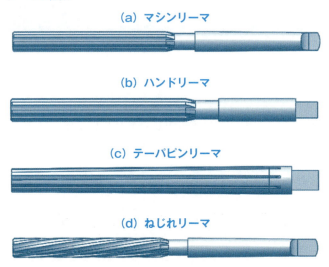

(a) マシンリーマ

(b) ハンドリーマ

(c) テーパピンリーマ

(d) ねじれリーマ

図 3-4-2　リーマの各部の名称

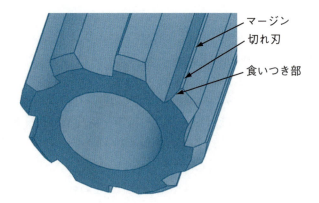

マージン
切れ刃
食いつき部

3-5 タップ

●タップとは

　タップはドリルなどで開けられた穴にめねじを切削する刃物です。工具自体がねじになっているので、最初の刃が被削材に食い込めば、あとはタップを回転させることで、そのねじのピッチに従って加工することができます。

●タップの種類

　タップには、メートルねじ、ユニファイねじ、管用平行ねじ、管用テーパねじなど、JIS規格やISO規格に準拠してつくられており、いろいろな種類があります。タップは切りくずを排出しながら加工するタップと切りくずをださないで加工するタップの2つに分けられます。

●ハンドタップ

　ハンドタップは最も一般的なタップで、普通は3本で1組になっています。タップ先端の食いつき部の長さの順に、**先タップ**、**中タップ**、**上タップ**と呼び、この順番で使用します（図3-5-1）。

●ナットタップ

　機械でナットのめねじ切りをするために使用するタップで、長いシャンクをもつのが特徴です。長い柄のところにねじ切りが終わったナットをいくつも貯めておくことができます（図3-5-2）。

●スパイラルタップ

　みぞを右ねじれみぞにしたもので、止まり穴で切屑が連続して出る被削材で使用され、切りくずの排出をよくしたものです（図3-5-3）。

図 3-5-1　ハンドタップ

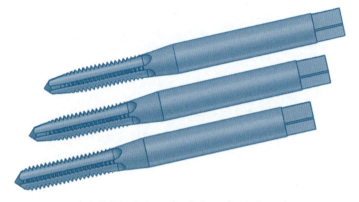

上から順に先タップ、中タップ、上タップ

図 3-5-2　ナットタップ

図 3-5-3　スパイラルタップ

●ポイントタップ

食いつき部のみぞを斜めに切り取ったもので、切りくずを前方に押し出すようにしたものです（図 3-5-4）。

●溝なしタップ

塑性変形によってねじを形成してめねじをつくります。切りくずをださないので切りくずによるタッピングのトラブルがなく、止まり穴などには有効です（図 3-5-5）。

●管用タップ

管、管用部品、流体機器等の結合用ねじ切りに使用するタップです。管用ねじには平行ねじとテーパねじがあり、タップもそれに応じて、管用平行ねじ用タップ（PF）、管用テーパねじ用テーパタップ（PT）、管用ねじ用平行タップ（PS）の3種類があります（図 3-5-6）。

●タップの要素

タップの各部の名称を図 3-5-7 に示します。一般的な形状のタップは、食いつき部、ねじ部、溝、シャンクで構成されています。

タップの材質には、高速度工具鋼（ハイス）や超硬合金が使われますが、ねじ穴の加工は切りくずがつまりやすくタップに複雑な力がかかるので、高速度工具鋼（ハイス）が主流です。

図 3-5-4　ポイントタップ

図 3-5-5　溝なしタップ

図 3-5-6　管用タップ

図 3-5-7　タップの各部の名称

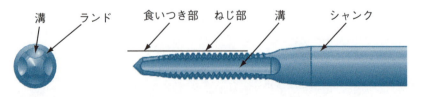

第4章

旋　　盤

　工作機械には多くの種類がありますが、その中で最も使われているのが旋盤です。工作物を回転させ、ここに刃物を当てて切りくずを出していきます。ここでは普通旋盤を主にその概要を理解しましょう。

4-1 旋盤の特徴

●旋盤加工

旋盤は、回転する工作物に刃物台に取り付けたバイトで切り込みと送りを与えて切削する工作機械です。図 4-1-1 のように主に断面を円形に切削することが目的です。また、工作物の取り付け方や切削工具を変えることによって、さまざまな切削作業を行うことができます。旋盤作業では、工作物が回転し、それぞれの作業を確実に行わないと思わぬ事故を起こすこともあるので十分注意する必要があります。そのため、工作物の形状、加工部分、加工工程に応じて、各種の工具、付属品、あるいは特別な装置などを使用し安全に作業を行うことが大切です。

●基本的な工作物の取り付け方

基本的な工作物の取り付け方として、次のような方法があげられます。

センタ作業

図 4-1-2(a)のように、工作物を主軸の回りセンタと心押台のセンタによって支持しながら切削加工を行うことをいいます。工作物の長さが直径と比較して長いものを加工するときに、回転軸など工作物各部の回転中心が一致しなければならない工作物を加工するのに適した方法で、旋盤の基本的な作業です。

チャック作業

図 4-1-2(b)のようにチャックを用いて工作物を取り付けて切削作業を行うことをいいます。直径の大きい円盤状の工作物や内面加工は、この方法で行います。また、チャック作業は工作物のチャックによる片持ち支持で加工するので工作物の長さが直径と比較して長くなると、切削力による曲げモーメントの増加や、工作物のたわみによって加工が上手くできない場合がありま

す。そのときは、右端を止めセンタで支えたり、振れ止めで支えて作業をしたりします。

図 4-1-1　旋盤による加工作業

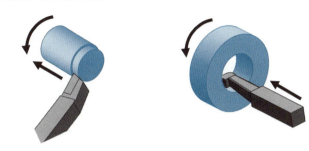

図 4-1-2　工作物の取り付け方による作業例

（a）センタ作業

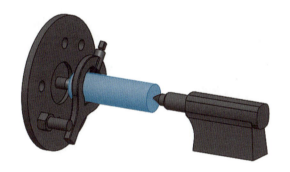

（b）チャック作業

4-2 旋盤の構造

●旋盤主要部の構造と機能

旋盤は、工作機械のうちで最も多く使用されている工作機械です。単に旋盤という場合は普通旋盤のことを指し、**普通旋盤**は、各種の旋盤の中でも、特に作業の領域が広い汎用工作機械です。旋盤の基本構造は、主軸台、心押台、往復台、送り機構、ベッドおよび脚から成り立っています。図4-2-1に旋盤の主要部の名称を示し、そしてそれらの主な構造と機能を次に紹介します。

●主軸台

主軸台は箱型をしており、内部には主軸を回転させるためのモータや回転数を変えるための歯車などが内蔵されています。主軸は、切削抵抗や振動に耐えられる強さと高い精度が要求されるので、合金鋼が使われ、焼入れ、研削をし、さらに主要部は超仕上げされています（図4-2-2）。主軸端のチャックや回し板を取り付ける部分は、フランジ式、カムロック式、ロングテーパ式およびねじ式などがあります。

●心押台

心押台は、工作物の主軸側固定部とは反対側の端面の振れを抑制するときに用います。工作物の長さに応じて心押台のベッドを任意の位置に移動させ、ハンドル車を回して任意の長さに決めることができます。

また、本体とベースに分かれていて、主軸の中心線と心押軸の中心線との食い違いを横調整ねじによって調整することができます。心押軸にはモールステーパ穴があり、センタ、ドリルチャック、ドリル、リーマなどを取り付けることができます（図4-2-3）。

図 4-2-1　旋盤主要部の名称

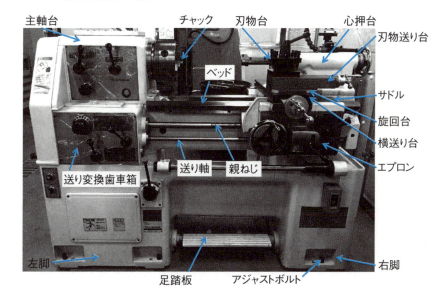

図 4-2-2　主軸台

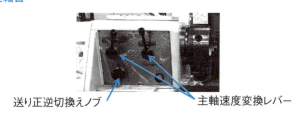

図 4-2-3　心押台

●往復台

往復台はサドルとエプロンで構成されています。サドルはベッドの上を往復し、バイトに縦送りを与える部分で、その上に横送り台があります。縦送り、横送りはいずれも手送り、機械送りができます。横送りの台の上には、さらに旋回台、刃物送り台、刃物台があります。テーパ削りでは、旋回台によって刃物送り台を任意の角度に調整して削ったりします。エプロンは縦送り、横送りの機械送りや、ねじ切り送りを伝える装置を内蔵しており、前面に操作用のハンドルやレバーがあります（図4-2-4）。

●送り機構

縦方向、横方向の機械送りと手送りおよびねじ切りなどで送り速度を変換するときに使用します。縦送り、横送りの機械送りには、送り軸によってエプロン内部の歯車装置に、ねじ切り送りは、親ねじの回転を半割りナットで往復台にそれぞれ伝達します。図4-2-5のように主軸の回転が換え歯車装置と送り歯車箱を通して伝えられ、送り軸と親ねじが回転します。機械によって異なりますが、回転速度を変換するには、送り換え歯車の組合せと送り切り替えノブで操作します。換え歯車は10～20種類備えているものが多く、送り軸、親ねじの回転方向の変換は、主軸台内に組み込まれた正逆切り替え歯車を変換レバーで行います。

図4-2-4　往復台

図4-2-5　送り変換歯車箱

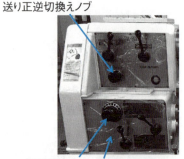

●付属品

旋盤に使用される付属品について紹介します（図4-2-6）。

センタ
主軸に取り付ける回りセンタと心押軸に取り付ける止めセンタがあります。

回し板
主軸端に取り付けて、センタ作業のとき、回し金をなかだちとして工作物を回転させる円盤状のものです。

回し金
センタ作業のとき、回し板の回転を工作物に伝えるもので、**ケレ**ともいいます。

チャック
主軸端に取り付けて、放射状に動く爪で工作物を締め付けます。インディペンデントチャックは、4個の爪を持ち、爪はそれぞれ単独で動きます。スクロールチャックは、一般に3個の爪を持ち、爪が連動します。

面板
溝を持った円板で、主軸端に取り付けて使用します。工作物は、これらの溝を利用して、締め金、ボルトなどで直接取り付けたり、アングルプレートなどの取り付け具を使用したりして作業を行います。

振れ止め
固定振れ止めと移動振れ止めがあり、直径に比べて長さの長い工作物は、自重や切削力によってたわむので、これを防ぐときに使用します。

図 4-2-6 付属品

（a）センタ

（b）回し板

（c）回し金

（d）三爪チャック

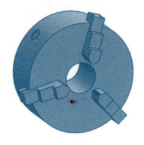

（e）面板

（f）移動振れ止め

4-3 旋盤の種類

●旋盤の種類

　旋盤は全部で 20 種類以上ありその用途は様々です。ここでは、その中から幾つか紹介します（図 4-3-1）。

　　普通旋盤
　水平面内で回転する主軸、ベッド、主軸台、心押台、送り機構などからなる基本的な旋盤です。
　　卓上旋盤
　作業台の上に据え付け主に小物部品の加工に使用する小型旋盤です。
　　正面旋盤
　水平面内にある主軸に面版を備えており、主に正面削りを行う旋盤です。
　　立て旋盤
　垂直面内にある下向きの主軸に取り付けたチャックで保持した工作物を水平面内で回転させ、刃物台をクロスレールに沿って送り切削する旋盤です。
　　NC 旋盤
　切削条件や機械操作を数値情報で制御する旋盤です。

●汎用旋盤の特徴

　汎用旋盤は固定された工作物を回転させ、刃物台を動かして切削します。汎用旋盤は、長さの短い工作物の切削に適しており、段取り変えが早くできるため、少量、多品種生産に向いています。また、長ねじや深溝などの特殊加工に向いています。

● NC 旋盤の特徴

　NC 旋盤は工作物を回転させながら前進させて、刃物を左右に動かし、工作物を前進させて削ります。機械の特徴から、長い工作物に適しています。NC 旋盤の特性として、安定した精度で加工できるので、複数個の部品の加工および多品種生産にも向いています。

図 4-3-1　旋盤の種類

（a）普通旋盤

（b）卓上旋盤

（c）NC 旋盤

旋盤の主な加工方法

●旋盤の基本的な加工作業

　旋盤の加工にもいろいろな加工があります。工作物の外側を加工したり、内側を加工したり、ねじ切りをしたりすることがあります。実際の部品ではこれから紹介する基本的な加工作業が組み合わされてできあがっています。ここでは基本的な加工作業を紹介します（図4-4-1）。

外丸削り
片刃バイトなどを用いて切削します。

端面削り
工作物の端面を片刃バイトなどで切削します。

突切り
工作物を回転させ、突切りバイトを半径方向に送って切断します。

溝削り
バイトで溝をつくります。

テーパ削り
工作物をテーパ上に旋削します。

穴あけ
ドリルを用いて穴をあける切削です。

中ぐり
バイトを用いて、穴をくり広げる切削です。

おねじ切り
旋削によって工作物におねじを削り出します。

めねじ切り
旋削によって工作物にめねじを削り出します。

正面削り
工作物の端面を切削し、その面に段を付けたり、溝を加工したりします。

曲面削り

刃物台の縦送りと横送りを同時に手動送りして工作物を曲面形状に切削します。

総形削り

所用の形状に研削した総形バイトを用いて行う旋削です。

ローレット切り

ローレットを用いて工作物の表面にローレット目をつける作業です。

図4-4-1　旋盤の基本的な加工作業の種類

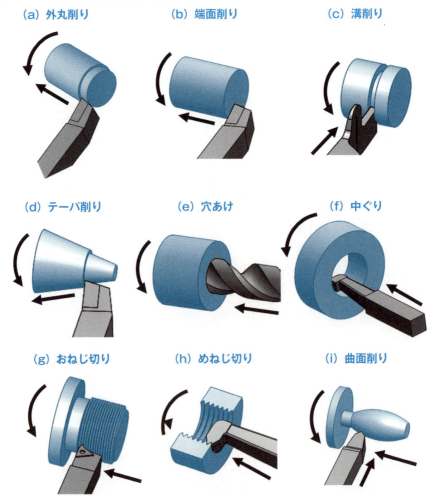

基本操作❶　心立て

●作業の安全

　旋盤およびこのあとの章で紹介する工作機械の作業に入る前には、操作練習を行ってハンドル、レバー類の操作方法を十分に理解しておくことが重要です。操作方法を知らないまま、あるいは疑問を残したまま作業するととても危険です。初めの内に正しい操作方法を体得しておくようにしましょう。

●心立て

　心立てとは、加工前に工作物の両端面にセンタ穴をあけておく作業のことです。旋盤のセンタ作業において、回りセンタと止まりセンタで工作物を支えるので、心立てをしておかなければなりません。センタ穴の大きさは、工作物の重量、切削力、工作物の大きさおよび作業の内容を考慮して決めます。

　心立てをするときの一般的な注意点として、センタ穴ドリルは、工作物の直径に適合した大きさであるか、両センタ穴ドリルは、工作物の直径に適合した大きさであるか、逃げの長さは十分にあるか、そして、センタ穴とセンタの円錐角が一致しているかどうかなどがあります（図4-5-1）。

図4-5-1　心立ての注意点

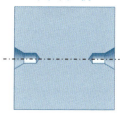

(a) 良い例

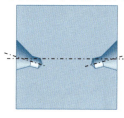

(b) 不良（同一中心線にない）

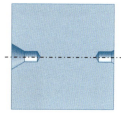

(c) 不良（逃げが浅い、深い）

　旋盤による心立てでは図4-5-2のように、工作物をスクロールチャックに取り付けて端面削りを行ったのち、心押台に取り付けたドリルチャックにセンタ穴ドリルを取り付けて心立てをします。心立ては心立て盤を使ってする

と便利ですが、旋盤やボール盤を使用して心立てすることもできます。

●加工のポイント　センタの取り付けと検査

回りセンタの振れの検査では、回りセンタの振れの大きさが工作物の精度に影響を及ぼすので、センタの取り付けは慎重に行い、振れをできるだけ小さく保つようにします。

振れは、ダイヤルゲージをセンタの先端付近に当てて調べます。回りセンタの振れの許容差はJISによると、ベッド上の振れ500 mm以下の普通旋盤では、0.015 mm以下と規定されています。

センタ合わせは、回りセンタと止りセンタが、それぞれの中心線が一直線上にないと、工作物の円筒度が悪くなるので、作業前に点検し、誤差があれば調整しておく必要があります。心押台には、図4-5-3のように標線（または基準面）が刻まれているので、これを点検します。

図4-5-2　旋盤による心立て方法

（a）端面削り　　　　　（b）センタドリルによる心立て

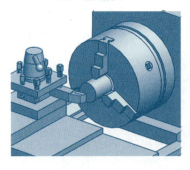
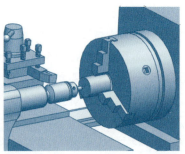

図4-5-3　心押台の標線

基本操作❷ チャック

●チャックの取扱い

　穴あけ、中ぐり、突っ切りなどの作業や直径が大きく、長さの短い工作物の加工には、チャックを使用します。**チャック**にはインディペンデントチャックとスクロールチャックの2種類があります。インディペンデントチャックは4個の爪がそれぞれ単独で動き、また、爪をチャック本体から抜き取って、反転して使用することができます。また、不規則な形状の工作物の取り付けもできます。

　しかし、工作物の加工中心と旋盤の主軸中心とを一致させるために、心出し作業が必要になります。そのため、インディペンデントチャックで正しく心出しするにはかなり時間を必要とします。

　一方、スクロールチャックは、取り付け可能な工作物は、断面が円形か六角形のものに限られます。3つの爪が連動して動くので、一般的には工作物の外周の心出しは行わなくてよいです。しかし、連動する爪の動きには、幾らかの誤差が生じるので、取り付けた工作物にも多少の振れが生じます。

　また、長期間使用したものは誤差も大きくなっているので、工作物の精度の許容範囲にあるかどうかを確かめることが必要です。スクロールチャックの爪は内爪と外爪の2組があり、必要に応じて交換して使用するようになっています。インディペンデントチャックのように爪を反転して使用できません。

●加工のポイント　工作物の取り付け

　図4-6-1および図4-6-2にそれぞれのチャックによる取り付け例を示します。爪の向きは工作物の大きさによって外掴みまたは内掴みで取り付けます。スクロールチャックでは、爪を交換して工作物を取り付けますが、内爪は、直径の小さい工作物は外掴みに、また、外爪は直径の大きい工作物の外掴みに使用します。

チャックへ工作物を取り付けるときの注意として、チャックハンドルは、チャック専用のものを使用してそれ以外の工具で締め付けないでください。また、スクロールチャックに取り付けた工作物を、ハンマで強く打たないようにしてください。
　また、爪がチャック本体から外に出るような使い方は避けます。工作物をチャックから長く出して取り付けるときは、右端面を心押台のセンタで支えます。送り、切込みを大きくして切削するときは、工作物が次第に主軸台側にずれることがあるので、送り分力を、チャック面または工作物に段を付けて、爪で受けるようにします。

図4-6-1　インディペンデントチャックを用いた工作物の取り付け例

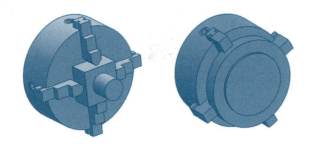

図4-6-2　スクロールチャックを用いた工作物の取り付け例

4-7 基本操作❸ バイトの取り付けとハンドル操作

●バイトの取り付け

　バイトの大きさは、作業内容やバイトの種類によって異なりますが、外丸削りなどに使用するバイトは、旋盤の大きさから選定します。バイトは十分な強さをもっていないと、びびりが発生しやすく、切れ刃の欠損の原因となることが多いので、切削力に耐えられる大きさのものを使用します。

　バイトを取り付けるときは、原則として、シャンクを水平にし、先端部をセンタの先端（工作物の中心）に一致させます。

　このときのバイトの高さの調整には敷金を使用しますが、敷金は、バイトのシャンクよりやや幅が広いもので、厚さの異なるものを用意しておくと調節がしやすくなります（図4-7-1）。

●加工のポイント❶　バイトの取り付け

　バイトの取り付け方として、バイトの突き出し長さは、高速度鋼バイトの場合はシャンクの高さの2倍、超硬バイトでは1.5倍を超えないようにします。また、敷金はできるだけ少ない枚数で使用します。2枚以上使用する場合は先端をきちんとそろえます。

　締付けボルトは2本以上で締め付けます。スパナは必ず付属のボックススパナを用います。また、センタをバイトで合わせたら、バイトをセンタから離して締め付けます。図4-7-1のように心押軸の標線が使用できる場合は、心押軸を傷付けないように操作します。

●横送りハンドルの操作

　往復台の上に横方向に動く横送り台があります。また、その上には旋回台がついている刃物送り台がついています。横送りハンドルには、マイクロメータカラーでメモリがついていて、微調整できるようになっています。旋盤の種類によって、そのメモリの付け方はいろいろあります。

● 加工のポイント❷　ハンドル操作とバックラッシ

　バイトに切込みを与えるとき、予定したマイクロメータカラーの目盛よりハンドルを進めすぎた場合、そのまま進めすぎた目盛を戻しても、図4-7-2のように送りねじのバックラッシのため、バイト（横送り台）は移動していません。

　戻すときは、送りねじのバックラッシ量以上に、いったんハンドルを戻してから再びハンドルを進め直します。ハンドルを戻す量はおよそ1/2回転くらいで、それ以上は戻さない方がいいです。

図 4-7-1　バイトの取り付け

（a）仕上げ面のびびり　　　　（b）バイトの取り付け

加工面に波形模様が出る

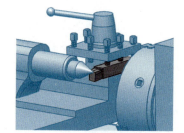

（c）敷金を使用する場合　　　（d）心押軸の標線

1.5H　敷金

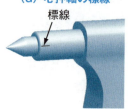
標線

図 4-7-2　横送りハンドル操作

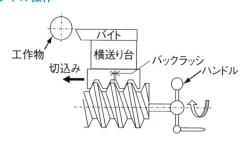

基本操作❹ 切削条件

●切削速度

切削加工では切削条件というのがあり、工具といろいろな工作物によって適切な切削条件がだいたい決まっています。その中で、**切削速度**とは、バイトに対する工作物の被削面の周速度です。この周速度は旋盤の主軸回転数と工作物の径から求まります。

$$V = \frac{\pi DN}{1000}$$

π：円周率（=3.14）　　D：工作物の径 [mm]
N：主軸回転数 [min^{-1}]　V：切削速度 [m/min]

切削速度は、仕上げ面の粗さ、切削能率、バイトの寿命などに影響する要素で、切削速度が大きいほど仕上げ面の粗さは良くなり、切削時間も短くなります。そのため、切削速度はできるだけ大きくしたいが、切削速度が増加すると切削温度は高くなり、バイトの寿命が短くなります。

●切込みと送り

図4-8-1のように、**切込み**とはバイトが工作物に食い込む深さのことをいいます。外丸削りでは、工作物の直径は切込みの2倍で小さくなります。**送り**とは、工作物が1回転する間にバイトが動く距離のことをいいます。単位はmm/revで表され、旋盤は主軸によって回転する工作物に対して、バイトが切込んだ状態で移動していきます。このとき、送りが小さいほど仕上げ面は良くなります。

また、切込みと送りの積を**切削面積**といい、この値が大きいと切削能率は良いのですが、切削面積が大きくなると刃先に加わる力が大きく、切削温度も高くなってしまい、その結果、バイトの寿命が短くなります。一般的には、切削面積が大きいときは、切削速度を小さくします。

バイトによる旋削では、ねじや渦巻きと同じように1本の溝が初めから切上げまで続いています。その溝の隣り合う谷同士の幅が送りの結果として、工作物に現れます。

　端面削りの場合は工作物の中心に向かってバイトが送られていきますが、この場合も、外丸切削のときと同じように工作物が1回転する間にバイトの動く幅が送りになっています。旋盤には送り量が表で示してあり、レバー操作によって選択できます（図4-8-2）。

図 4-8-1　切込みと送り

　　（a）切込みと送り　　（b）円筒削りの場合　　（c）端面削りの場合

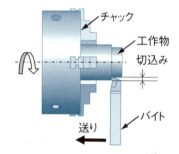
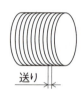

図 4-8-2　旋盤で選択できる送り量の例

加工精度の基本

●旋盤の加工精度

JIS では汎用の普通旋盤の静的精度および工作精度の検査方法と、それぞれの検査事項に対応する許容値について規定しています。旋盤加工で使用するメーカや機種によって精度が異なるので一概にいうことはできませんが、ここではその一部を紹介します。

●静的精度とは

静的精度とは「無負荷状態で、静止状態又は運動が低迷な状態における構成要素の形状、位置、運動及び相対的な姿勢の幾何学的な正確さ。幾何精度ともいう」と JIS で定義しています。

例えば、旋盤のベッドについて、すべり面の真直度の検査では図 4-9-1 のように指示しています。図中に出てくる**振り**とは、普通旋盤などの工作機械において、取り付けることができる工作物の最大直径のことをいいます。また、**センタ間距離**とは、各種の工作機械における主軸側センタ（センタ：工作物の回転中心を支えるもの）から心押台側センタまでの距離の最大値のことです。

●工作精度とは

工作精度とは「工作物に対して工作機械が与えることができる精度。工作機械自身の要因以外の要因が影響しないような条件で仕上げ削りを行った工作物の寸法精度・形状精度・位置精度で表す。」と JIS で定義しています。

例えば、工作物について、真円度と加工した直径の一様性の検査では図 4-9-2 のように指示しています。

図 4-9-1 静的精度検査の一例（JIS B 6202:1998 から抜粋）

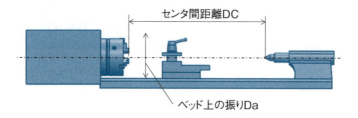

表 4-9-1 真直度

	Da ≦ 800	Da ≦ 1600
DC ≦ 500	0.01（中高*）	0.015（中高）
500 ＜ DC ≦ 500	0.02（中高）	0.03（中高）
1000 ＜ DC	0.01（1000 増えるごとに上の値に加える）	0.02（1000 増えるごとに上の値に加える）

* 中高　滑り面は、そのすべての点が両端を結んだ直線よりも上にある場合に中高であるとみなす。

図 4-9-2 工作精度検査の一例（JIS B 6202:1998 から抜粋）

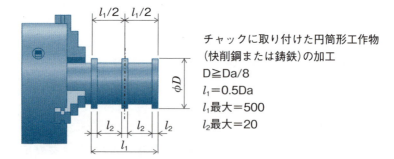

チャックに取り付けた円筒形工作物（快削鋼または鋳鉄）の加工
$D ≧ Da/8$
$l_1 = 0.5Da$
l_1最大 ＝ 500
l_2最大 ＝ 20

表 4-9-2 真円度と加工直径の一様性

		Da ≦ 800	Da ≦ 1600
$l_1 = 300$	真円度：0.01	0.02
	加工直径の一様性*：0.02	0.04

* 加工直径の一様性　工作物に沿って指定された間隔ごとに同一平面内における両端の直径の差。

旋盤のメンテナンス

●点検および給油

　旋盤の状態を最良にしておくことは、優れた製品をつくるためには、とても大切なことです。作業前および作業終了後には必ず旋盤を点検し、正常でない部分は適切な処置をし、完全な状態で作業するように心がけましょう。
　以下に大まかな点検および給油の項目について紹介します。

・部品の欠落などがないかといった旋盤の外観の異常の有無を確認します。
・主軸台や往復台の油面計の点検します。［不足していたら補給します。使用する潤滑油の種類は、手差し給油する部分と種類が異なるので確認が必要です（図4-10-1）。］
・ウエスでベッドの滑り面をぬぐい、油差しで滑り面上を給油します。往復台を手送りで左右に動かすことによる動作の確認します。
・刃物送り台の点検と給油をします。
・エプロンの各給油口に給油をします。（このとき、給油しながら機械送りレバーや半割りナットレバーなどの動作を確認します。）
・送り変換歯車箱の給油およびレバー類の動作確認および点検をします。
・心押台、心押軸の締め付けおよび心押台のベッドへの締め付けの点検をします。
・親ねじの軸受など、その他の給油口への給油をします。
・換え歯車の歯数と送り量表の値の確認、点検をします。
・各歯車に適当なバックラッシが与えられているかの点検をし、中間換え歯車軸と換え歯車の歯面への給油をします。
・電源スイッチを入れて、主軸の低い回転速度から設定した回転速度までの駆動音の確認をします。
・潤滑油ポンプで強制給油する方式の機種は、旋盤を駆動した状態で、ポ

ンプの動作確認をします。油流確認窓による点検をします。
・付属工具や付属品の点検をします。

●掃除と手入れ

　精度の維持および故障を防ぐためにもこまめな掃除がとても大切です。作業の終わりや作業の途中で旋盤から離れるときには、旋盤とその周辺を掃除しましょう。また、作業の１つが済んで、次の新しい作業に移るための段取り換えのときも掃除はしておくと良いです。以下におおまかな掃除と手入れについて紹介します。

- 測定器具は清浄なウエスで丁寧にぬぐい、元の状態に戻します。
- ブラシや手ほうきで、旋盤の上部から切りくずを払い落とし、切りくずを取り除きます。
- ウエスで旋盤の上部から拭いてきれいにします。親ねじや送り軸も拭います。
- ベッドなどを露出している滑り面に、マシン油などを薄く塗布しておきます。
- 心押台をベッドの右端に締めつけ、心押軸を短くしまっておきます。
- 刃物台は手前に寄せて、往復台は右側に寄せます。

図4-10-1　旋盤の各部への給油個所の例

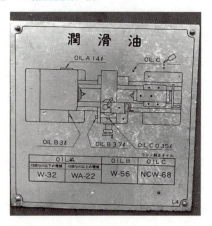

第5章

フライス盤

　フライスによる切削は、回転する切れ刃による断続的な切削です。したがって、フライスによる切削方法は旋盤による回転切削と比べて多様な加工が可能です。この切削加工は、回転する工具に、工作物をあてることで行います。本章では立てフライス盤および横フライス盤の概要を紹介しましょう。

5-1 フライス盤の特徴

●フライス加工

　フライス盤は、切削工具が高速に回転して、図 5-1-1 のように工作物に送りを与え、主として平面、側面および溝などを切削する工作機械です。フライス加工では、工作物はテーブルの上に固定され、切削工具は上下に移動し、テーブルを前後左右に移動させながら加工します。また、いろいろなフライスや付属装置を使うことによって、さまざまな作業を行うことができます。

　フライスはバイトと比べると多数の切れ刃をもつため、単位時間あたりの切削量が大きく効率的です。フライス加工も旋盤加工も同じ切削加工ですが、送りの機構に違いがあります。旋盤においては、送りの速度と主軸の回転速度とが連動しており、そのため、主軸の回転数と送りねじの回転数は送り歯車変換装置によって送り速度を変えられるようになっています。一方、フライス盤はテーブルで送りを行いますが、送りと回転のピッチの連動がないので、希望する送り速度に設定することが可能です。また、フライス盤では様々な刃数があるので、フライスの回転数が同じでも、取り付けるフライスによって送り速度が変化します。

●基本的な工作物の取り付け方

　テーブルの上に工作物を取り付けるには、バイスによる取り付けだけでなく、その他にいろいろな金具を用いて取り付ける方法があります。これらの方法は工作物によって異なるので、取り付け方は無数にあります。

　特にボルトで締め付けるときは締め付ける位置、締め付ける方向および締め方がとても重要です。図 5-1-2 に取り付け例を示します。この章の後半では工作物の取り付けについて説明しますが、図のようにいろいろな取り付け方があります。

図 5-1-1　フライス盤による加工作業

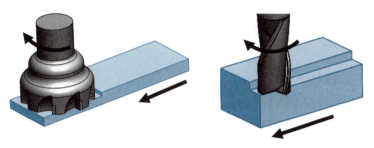

図 5-1-2　工作物の取り付け例

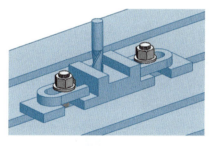

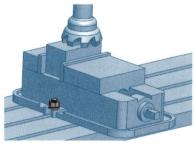

5-2 フライス盤の構造

●フライス盤の構造と機能

フライス盤には作業の目的に応じていろいろな構造のものがありますが、最も広く使われているのが**ひざ形フライス盤**です。これはさらに立てフライス盤、横フライス盤および万能フライス盤の3種類に分けられます。ここでは立てフライス盤と横フライス盤について紹介します。

●立てフライス盤

図5-2-1(a)には立てフライス盤の外観と主要各部の名称を示します。テーブルを載せたサドルを受けるニーが上下に移動し、テーブルは左右に、サドルは前後方向に動きます。

コラムはフライス盤の本体となっているもので、前面はニーの案内、最上部は主軸頭で、図5-2-1のような固定式の他に、上下に移動できたり、垂直面内で所要の角度に傾けることができたり、前後方向の適当な位置に固定できるものもあります。

内部には主軸を支える軸受、主軸変速装置、主軸駆動用電動機および切削油剤供給ポンプなどが組み込まれています。テーブル、サドル、ニーの移動は、ハンドルの付いた、ねじ機構によって行います。移動量はハンドルのそばに備えられているマイクロメータカラーで確認できます。

機械送りは、テーブルだけができるものとサドルやニーもできるものとがあります。また、テーブルの機械送りには、切削送りや早送りの機構を備えている加工機もあります。

●横フライス盤

図5-2-1(b)には横フライス盤の外観と主要各部の名称を示します。横フライス盤は、主軸にアーバを取り付け、主軸を通して回転運動が与えられます。アーバは、切削力によってたわまないようにアーバの他端はアーバ支えを用

図 5-2-1 立てフライス盤と横フライス盤

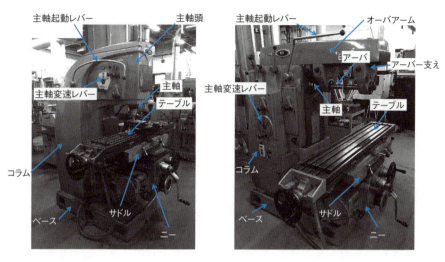

いて支えられます。アーバ支えは、オーバアームの適当な位置に固定できるようになっています。前面はニーの案内、最上部はオーバアームの支えおよび案内になっています。

●付属品

フライス盤には、いろいろな作業を行うための各種の付属品や付属装置があります。ここではその付属品について、幾つか紹介します（図5-2-2）。

フライス取り付け具

アーバは、横フライス盤や万能フライス盤に平フライスや側フライスなどを取り付ける場合に使います。アーバは、機械構造用合金鋼などでつくられ、熱処理を施すことで、長い間使っても曲がらないようにし、なるべく傷がつかないようになっています。立てフライス盤で用いる正面フライス用のアーバも同様です。

アダプタ、コレット

テーパシャンクのフライスの取り付け用に使用するアダプタです。コレットはフライスのシャンクがアダプタの穴より小さい場合に使われます。

クイックチェンジアダプタ

アダプタを主軸に固定したまま、フライスを取り付けた各種のアーバやアダプタの取り付けおよび取り外しができます。

機械万力

フライス盤の作業では、工作物の取り付けに機械万力が多く使われます。

円テーブル

主に立てフライス盤の作業に使われます。上部の円テーブルを手送りまたは機械送りによって旋回させることができるので、円弧状の溝や外周部の輪郭削りが可能です。ハンドル軸には、角度目盛が刻まれたマイクロメータカラーが設けられているので角度の割り出しにも利用できます。

この他には、工作物の外周を等分割したり、ある角度だけ工作物を旋回させたりする場合に使用する割り出し台や、横フライス盤や万能フライス盤に取り付けることのできる立てフライス削り装置、万能フライス削り装置および立て削り装置などがあります。さまざまな付属品を利用することで、フライス加工の幅がとても広がります。

❗ 工作機械の操作記号 ―安全―

安全の記号の一部を示します。工作機械を操作するにあたって、工作機械は主に高電圧の電源が必要なので、これらは作業するにあたっての注意を呼びかける個所に示されています。

（JIS B 6012-1 より）

名称	記号	名称	記号
シャーピン		危険（高電圧）	
注意	！	主開閉器	

図 5-2-2　付属品

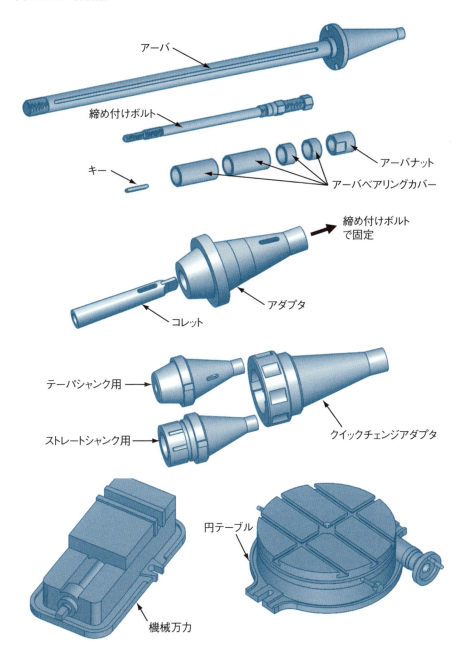

5-3 フライス盤の種類

●フライス盤の種類

　5-2節でも述べたように、フライス盤には作業の目的に適したいろいろな構造のものがあり、フライス盤も旋盤同様に全部で20種類以上あります。ここでは、その中から幾つか紹介します。最も広く使われているのが**ひざ形フライス盤**で、その中に立てフライス盤、横フライス盤があります（図5-3-1）。

ひざ形フライス盤
　コラムに沿って上下するニーの上にサドルを介して載せたテーブルが前後、左右に移動する構造のフライス盤です。

卓上フライス盤
　作業台の上に据え付け、主に小物部品の加工に使用する小型フライス盤です。

ねじ切りフライス盤
　主にねじ切りに使用するフライス盤です。

万能フライス盤
　テーブルを水平面内で旋回可能としたフライス盤、または主軸頭を旋回可能にしたフライス盤です。

マシニングセンタ
　加工形状によって必要な工具を自動工具交換装置（ATC）に収納して、切削条件や機械操作を数値情報で制御するフライスです。

●汎用フライス盤の特徴

　汎用フライス盤は固定された刃物を回転させ、テーブルに工作物を取り付け、テーブル、サドル、ニーを動かして切削します。旋盤は、主に丸棒の加工に向いていますが、フライス盤は平面加工に向いており、平面削り、溝削りおよび複雑な切削も可能です。一般には小さな部品加工を対象とし、複雑な切削面や多くの切削面を有する加工に適しています。

● NC フライス盤の特徴

　NC フライス盤は刃物を回転させながら、工作物を前後、左右、上下に動かして削ります。NC フライス盤の特性として NC 旋盤と同様に、安定した精度で加工できるので、同じ部品を加工するのに向いています。特に手送りでは難しい高度な円弧切削や角度切削等を加工することに向いています。

図 5-3-1　旋盤の種類

　　(a) ひざ形　　　　(b) 卓上　　　　　(c) マシニングセンタ
　　フライス盤　　　　フライス盤

5-4 フライス盤の主な加工方法

●フライス盤の基本的な加工作業

　フライス盤の加工にもいろいろな加工があります。旋盤と同様に工作物の外側を加工したり、内側を加工したり、ねじ切りをしたりすることがあります。実際の部品の加工は、これから紹介する基本的な加工作業が組み合わされます。基本的な加工作業を紹介します（図5-4-1）。

正面フライス削り
正面フライスを用いて行うフライス削りです。
エンドミル削り
エンドミルを用いて行うフライス削りです。
輪郭フライス削り
工作物の輪郭を所定の形状にするフライス削りです。
T溝削り
T溝フライスを用いて行うフライス削りです。
キー溝フライス削り
フライスを用いて軸にキー溝をつくります。
平フライス削り
平フライスを用いて行うフライス削りです。
側フライス削り
側フライスを用いて行うフライス削りです。
溝削り
エンドミルまたはメタルソーを用いて工作物に溝をつくります。
すり割り
メタルソーを用いて狭い溝を削ります。
組合せフライス削り
2つ以上のフライスを1本のアーバに組み合わせて行うフライス削りです。

図 5-4-1　フライス盤の基本的な加工作業の種類

（a）正面フライス削り

（b）側面削り

（c）輪郭フライス削り

（d）T溝フライス
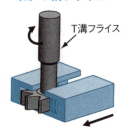

（e）キー溝削り

（f）平フライス削り
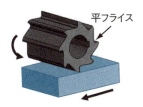

（g）側フライス削り

（h）溝削り

（i）すり割り

（j）組合せフライス

5-5 基本操作❶ 万力の取り付け方

●工作物の取り付け

　フライス盤の作業における工作物の取り付け方法の例を図5-5-1に示します。工作物の取り付け方法は、工作物の形状、大きさおよび数量などによって異なります。

　また、作業内容によっては割出し台や円テーブルなどを使用することもありますが、機械万力および締付け具を用いることの方が多いです。ここでは、**機械万力**を用いた場合の工作物の取り付け方を紹介します。

　図5-5-2に示すようにフライス盤の作業に使われる機械万力には、**平万力**と**旋回万力**があります。どちらの万力も口金と下面の直角度および底面との平行度などはかなり精度が高くつくられています。しかし、万力の取り付け方や工作物の掴み方によっては、精度の高い加工ができなくなるので注意しなければなりません。

●加工のポイント　万力の取り付け方

　テーブル上面および万力の下面をきれいに掃除し、傷の有無を点検します。傷がある場合には、油砥石で丁寧に傷を取り除きます。最後に手の平で傷が取れたかどうか確認すると良いです。

　万力を静かにテーブルの上に置いてテーブルのT溝とキーを合わせてT溝にボルトで仮締めします。万力のテーブルへの固定は、万力とナットの間に、図5-5-3のように必ず座金を入れ、左右を交互に少しずつ締めます。キーはT溝に合うようにつくられていますが、特に高い取り付け精度が要求される加工では、同図のようにダイヤルゲージで固定口金の平行度、直角度および万力底面の平行度を検査します。

　調整するときは、取り付けボルトをゆるめ、ダイヤルゲージの目盛りを見ながらプラスチックハンマなどで静かにたたいて調整します。バイスにキーがない万力ゲージを使って口金の平行度および直角度が出せます。このとき

もダイヤルゲージを使用して調整します。

図 5-5-1　工作物の取り付け例

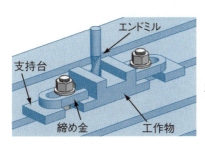
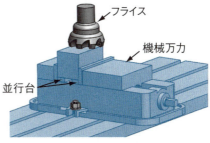

図 5-5-2　機械万力

　　　　　（a）平万力　　　　　　　　　　　（b）旋回万力

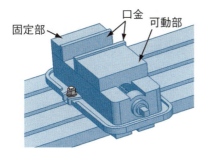
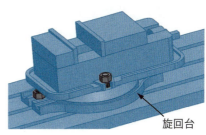

図 5-5-3　万力の調整の仕方

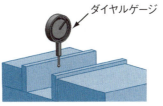

　　　　（a）口金の検査　　　　　　　　（b）測定個所

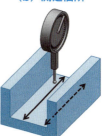

5-6 基本操作❷ 万力を用いた工作物の取り付け方

●万力を用いた工作物の取り付け方

　万力を精度良く取り付けることができても、工作物の取り付け方を誤ると、加工精度に大きく影響してしまいます。そのため、工作物を取り付けるときは次のことに気を付けてください。

●加工のポイント　工作物の取り付け方

　工作物を取り付ける大きさ程度に万力の口金を開いて、きれいに掃除します。直方体の工作物を掴むときは、図5-6-1のように、長い方の面を掴む方が安定します。このとき、幅の広い工作物を削るときは、図のように、2個の平行台を使って掴みながら万力を締めて、工作物の浮き上がりに注意しながら平行台に密着させます。そして、工作物の上面を削るとき、図のように工作物の厚さの2/3以上を掴むようにし、口金の上面から出る部分がなるべく少なくなるようにします。

　また、黒皮の工作物を掴むときは、工作物が黒錆で覆われていて、表面の凹凸があり、ボロボロしているため、万力の口金には銅やアルミニウムなどの軟質金属の保護口金を当て、万力の底面にはやや厚手の紙を敷いて、口金に傷を付けないようにします。

　工作物の基準面と垂直な面を削るときは、工作物の基準面を万力の固定口金に当てます。このとき、移動口金側が平面のときは、基準面を固定口金に密着させるために、図5-6-1のように移動口金と工作物の間にせり板を挟んで掴みます。密着の程度を調べるには平行台を指で動かすか、平行台を用いない場合は、トレース紙を万力底面と工作物との間に挟み、トレース紙を引いてみることで密着しているかどうかを調べます。

図 5-6-1　工作物の取り付け方

(a) 工作物の取り付け方向

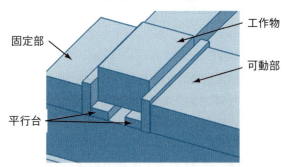

(b) 保護口金を用いた工作物の掴み方

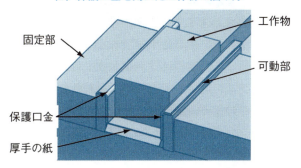

(c) せり板を用いた基準面がある工作物の掴み方

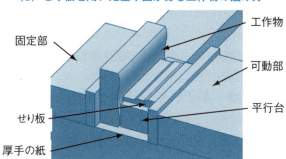

5-7 基本操作❸ フライスの取り付け

●フライスの取り付け

　フライスの取り付け方法は、正面フライスおよびエンドミルのようなシャンクタイプフライスと平フライスや側フライスのようなボアタイプフライスなどの種類によってそれぞれ異なります。

●加工のポイント❶　正面フライスおよびエンドミルの取り付け方

　まず、正確な加工をするために主軸テーパ穴とチャックまたはアーバのテーパ部はきれいに拭いておきます。正面フライスの取り付け方は図5-7-1(a)のように、正面フライス用アーバに正面フライスを正面フライス取り付けボルトでしっかり固定します。締め付けボルトは主軸頭に通し、締め付けボルトのおねじと正面フライス用アーバのめねじを取り付けます。そのとき、主軸とフライス用アーバのキー溝が合うようにします。最後は締め付けボルトの止めナットを締め、正面フライス用アーバを主軸にしっかり締め付けます。

　エンドミルの取り付け方は図5-7-1(b)のように、締め付けボルトを主軸頭に通し、締め付けボルトとクイックチェンジチャックを取り付けます。止めナットを回しながら締め付けボルトを締め、主軸にクイックチェンジチャックを固定します。コレットにエンドミルを入れ、それをクイックチェンジチャックに挿入して、フックスパナでしっかり締めて固定します。

●加工のポイント❷　ボアタイプフライスの取り付け方

　主軸テーパ穴とアーバのテーパ部やアーバカラーはきれいに拭いておきます。ごみや傷があるとアーバカラーやアーバに損傷を与え、フライスが振れ回る可能性があります。フライスの取り付けは主軸から必要な数だけアーバカラーを入れて、アーバ支えを順に取り付けます。フライスはキーを用いて固定し、アーバ支えの近くに取り付けます。アーバナットが締まる方向に主軸を回転させるので、フライスは、その回転方向で削れるように取り付けま

す（図 5-7-2）。

図 5-7-1　正面フライスおよびエンドミルの取り付け方

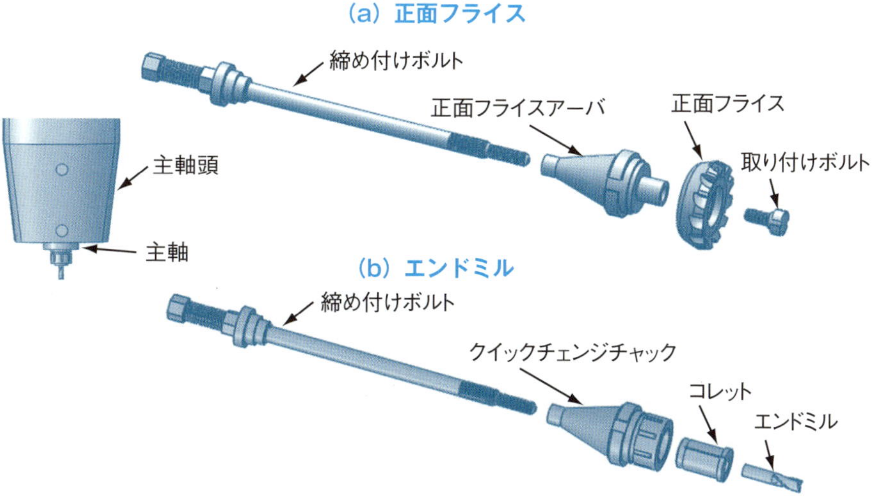

（a）正面フライス

（b）エンドミル

図 5-7-2　ボアタイプフライスの取り付け方

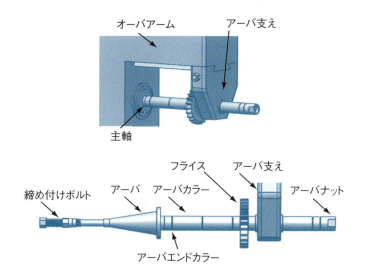

5-8 基本操作❹ 切削条件

●切削速度

　フライスの切削速度はフライスの刃先の周速度で表します。この周速度はフライスの回転数と外径から求められます（図5-8-1）。

$$V = \frac{\pi DN}{1000}$$

　　π：円周率（=3.14）　　　D：フライスの外径［mm］
　　N：主軸回転数［$\min^{-1}$］　V：切削速度［m/min］

　切削速度は、フライスの材質、種類や工作物の材質および仕上げ面の粗さなどによって決まる値で、一般に軟質材料には大きく、硬質材料には小さい値を用います。

●切込みと送り

　切込みは荒削りと仕上げ削りによって異なります。切込みを多くすれば単位時間あたりの切削量が多くなり、切削能率が高くなります。しかし、そのときには、フライス盤の動力、剛性、工具形状および工作物によって切込みは異なり、例えば、正面フライスでは、粗削りで3〜5 mm、仕上げ削りで0.5 mmくらいにします。エンドミルの溝削りではエンドミル外径の1/2以下にします。工作物の取りしろが大きい場合には、切削を数回に分けて行います。

　送り速度について、フライス盤の実際の作業では、工作物に送りを与えることが多いのですが、テーブルの送り速度は、フライスの1刃あたりの送りを基準にして決定します。工作物によって1刃あたりの標準送り量が決められていますので参考にしてください。公式として以下のように表されます。

$$V_f = S_z Z N$$

　　π：円周率（=3.14）　D：フライスの外径［mm］　N：主軸回転数［$\min^{-1}$］
　　V_f：切削速度［m/min］　Z：歯数［枚］

●上向き削りと下向き削り

　フライス削りをフライスの回転方向と工作物の送り方向の関係によって分けると、図5-8-2のようになり、切削方向と送り方向が反対の上向き削りと同一の下向き削りの2種類に分けられます。
　下向き削りの方が上向き削りより消費電力、工具寿命、仕上げ面、切削条件などの点で優れていますが、加工条件によってどちらを選択するか検討することが必要です。

図 5-8-1　切削速度と回転速度

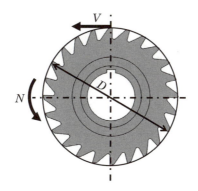

図 5-8-2　上向き削りと下向き削り

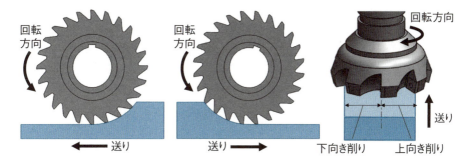

5-9 加工精度の基本

●フライス盤の加工精度

JISは旋盤と同様にフライス盤の静的精度および工作精度の検査方法と、それぞれの検査事項に対応する許容値について規定しています。メーカや機種によって精度が異なるので一概にいうことはできませんが、ここではその一部を紹介します。

●静的精度

立てフライス盤のテーブルについて、ニーの上下方向運動の真直度の検査では図5-9-1のように指示しています。ダイヤルゲージと直角定規を用いて、測定長さの両端での読みが同じになるように直角定規を置きます。このとき、ダイヤルゲージの読みの最大差が真直度となります。

●工作精度

横フライス盤では、図5-9-2のように工作物をテーブルに取り付けて正面削りおよび側面削りを行い、2つの工作物は、長さLがテーブル中心の両側に等しく分布するようにテーブルの長手方向の軸に置きます。この2つの工作物に対して直角定規およびブロックゲージ（高さ測定ではマイクロメータ）を用いて指定された面の平面度や直角度を測定します。JISでは工作物の加工方法の具体的指示が記されており、材料は鋳鉄と指定しています。

図 5-9-1　静的精度検査の一例（JIS B 6203:2007 から抜粋）

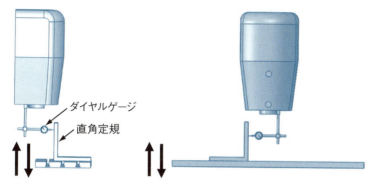

許容値：いずれの向きでも測定長さ 300 について 0.02

図 5-9-2　工作精度検査の一例（JIS B 6203:2007 から抜粋）

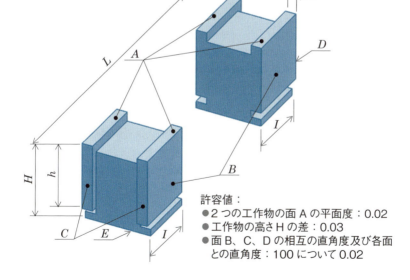

許容値：
- 2 つの工作物の面 A の平面度：0.02
- 工作物の高さ H の差：0.03
- 面 B、C、D の相互の直角度及び各面との直角度：100 について 0.02

5-10 フライス盤のメンテナンス

●点検および給油

フライス盤の大まかな点検および給油の項目について紹介します。

- テーブル上面の傷の有無を点検します。（傷がある場合には油砥石などで、ばりを取り除きます。）
- 各部案内面、各送りねじの軸受部、ハンドルまわりなどに指定された潤滑油を注油します。（給油の方法は手動式給油などのように給油方式によって異なります（図5-10-1(a)）。）
- 潤滑油の補給をします。（主軸頭内の潤滑油などの液面窓を確認して不足している場合は補給します（図5-10-1(b)）。）
- 各摺動部（案内面）の潤滑油膜を均一化します（慣らし運転）。（このとき、テーブル、サドル、ニーの動きを手送りで点検したのち、機械送りおよび早送りを点検します。）
- テーブル、サドル、ニーのクランプの点検をします。（確実に働くかどうか確認します。）
- マイクロメータカラーの点検をします。（移動および固定が確実にできるかを点検します。）
- バックラッシ除去装置の点検をします。（確実に働くかどうか点検します。）
- 主軸の確認および慣らし運転をします。（フライス盤の運転を安定させるために、慣らし運転を行います。機械の大きさにもよりますが、設定した回転数で10分程度運転しておきます。このときに異常音や振動がないかを確認します。）

●掃除と手入れ

フライス盤のおおまかな掃除と手入れについて紹介します。

- 掃除中に誤ってフライス盤が動作しないように電源スイッチを切っておきます。

- フライス盤の上部から手ぼうきやブラシなどで切くずを取り除きます。ストレーナの掃除は、下に切りくずを落とさないように注意し、穴に詰まった切りくずは取り除きます。
- 切りくずを取り除いたらフライス盤をウエスでよく拭きます。
- フライス盤の掃除が終わったら、図 5-10-2 のように最も安定した状態に置きます。

図 5-10-1　フライス盤の各部への給油と液面窓

（a）手動式給油　　　　　　　（b）液面窓

図 5-10-2　作業後のフライス盤のテーブル位置

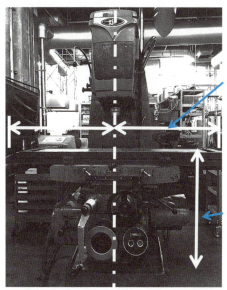

テーブルは左右同じくらいの位置に移動する

テーブルは低い位置に移動する

工作機械の操作記号　—切削運動—

　切削運動を示す記号の一部を示します。これらは旋盤や、フライス盤および穴あけなど、レバーやハンドルなどで各種操作を行うときに表示されているもので、操作によっては切削速度と合わせて表示されていたりします。

（JIS B 6012-1 より）

名称	記号	備考
ねじ切り		
平削り速度	x m/min	x は毎分あたりのメートルでしめした速度の値
旋削速度	x m/min	x は毎分あたりのメートルでしめした速度の値
穴あけ速度	x m/min	x は毎分あたりのメートルでしめした速度の値
フライス削り速度	x m/min	x は毎分あたりのメートルでしめした速度の値
上向きフライス削り		
下向きフライス削り		

第6章

研削盤

　機械加工の中で研削加工は切削加工と並ぶ代表的な除去加工法です。砥石に固定されたとても硬い砥粒が切れ刃となり、これが高速で回転します。研削では、切りくずが非常に小さく仕上げ面の粗さが小さいので、精度が高い仕上げ加工が可能です。本章では主に平面研削盤および円筒研削盤の概要を理解しましょう。

6-1 研削盤の特徴

●研削加工

　研削加工は、切削加工後の仕上げ工程で用いられたり、切削加工では加工できない硬い焼入れ鋼、ガラス、セラミックス、超鋼合金などの加工にも用いられたりします。研削速度は切削速度と比べて10倍から100倍も大きく、高い精度と良好な仕上げ面が得られます。

　砥石によっては切れ刃の自生作用を伴うものがあり、次々と新しい切れ刃が現れて、長時間にわたって研削を続けることができます。

●基本的な工作物の取り付け方

　研削加工の主なものとして挙げられるのは平面研削、円筒研削、内面研削および工具研削です。**平面研削**では、ある平面を基準にして加工するので、磁気チャックで工作物の平面を吸い付けて固定する方法が取られています。

　円筒研削では、ほとんどが両センタで工作物を保持します。**内面研削**の工作物は大抵チャックに取り付けます。工作物によって3つ爪スクロールチャックまたは四つ爪チャックを使い分けます。

　工具研削は工具の刃を研ぐための研削盤なので、工具の取り付け方がさまざまあり、自由に砥石の向きを変えられるようになっています。水平面で360°旋回でき、上下にも移動できます。工具自身の取り付け方も両センタ支持の他に、360°水平で旋回したり、上下方向に90°自由に旋回したりすることができるようになっています。

図 6-1-1　研削盤による加工作業

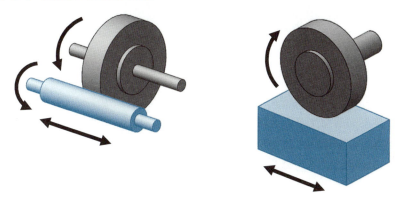

図 6-1-2　工作物の取り付け例

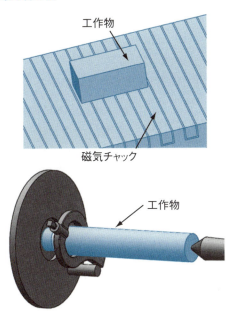

6-2 研削盤の構造

●研削盤の構造と機能

　研削は高速で回転する砥石に固定された非常に硬い砥粒を切れ刃として、高速、微小切削をすることによって工作物を加工し、高精度な仕上げ加工ができます。研削盤は工作物の目的に合わせていろいろな構造のものがあります。ここでは平面研削盤と円筒研削盤について紹介します。

●平面研削盤

　図6-2-1(a)では平面研削盤の外観と主要各部の名称を示します。平面研削盤は、工作物の平面を研削する機械で、テーブルに工作物を固定し、研削します。フライス加工の原理と加工方法は似ており、砥石を高速に回転させ、テーブルを動かして表面を一定幅毎に加工することができます。

　砥石車の軸は横になっているものと立てになっているものがあります。横の場合は砥石車の外周面で研削し、立ての場合は砥石車の側面で研削します。また、工作物を取り付けるテーブルには角テーブル形と丸テーブル形があります。角テーブル形は左右に往復する形式で、一方、丸テーブル形は回転運動する形式のものです。

●円筒研削盤

　図6-2-1(b)に円筒研削盤の外観と主要各部の名称を示します。円筒研削盤は、主に円筒形の工作物の外面を研削する研削盤で、テーブル移動形、砥石台移動形および切込み研削形の3種類があります。

　また、主要部の構造は、ベッド後部を前後に動く砥石台、ベッド上を左右に往復するテーブル、そして、その上に取り付けられている工作主軸台および心押台から構成されています。

図 6-2-1 平面研削盤と円筒研削盤

(a) 平面研削盤

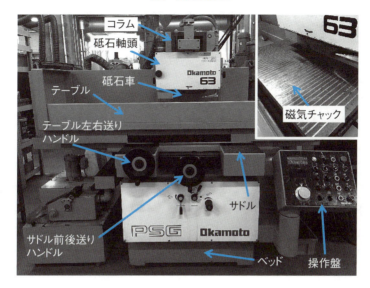

(b) 円筒研削盤

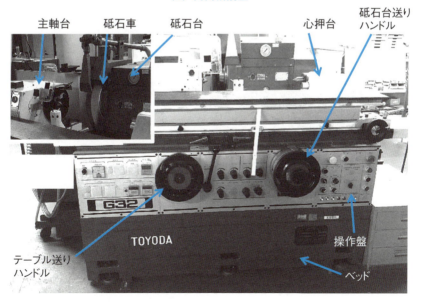

●付属品

研削盤には、いろいろな作業を行うために、各種の付属品や付属装置があります。ここでは付属品について幾つか紹介します（図6-2-2）。

研削油材供給装置

研削油剤を循環供給する装置で、研削の際に発熱などを防ぎます。ポンプを使用し研削油剤を循環させます。研削油剤を循環させる際、砥粒や切りくずを含んでいると、工作物の仕上げ面に傷を付けてしまう可能性があります。それを避けるために、沈殿槽を設けて砥粒や切りくずを沈殿させたり、次で説明する磁気分離器を用いて切りくずを取り除いたりします。

磁気分離器

磁石によって研削油剤中の研削くずを分離する装置です。永久磁石とフィルタを利用して切りくずを取り除きます。

吸じん装置

砥石くずおよび研削くずを吸い取る装置です。これは研削油剤を使用しない乾式研削などで生じる砥粒や切りくずを吸引します。

磁気チャック

平面研削で用いられるもので、テーブルに取り付けて、チャックの上面に工作物を載せて磁力で固定します。工作物のほとんどが鉄（広義の意味で）なので、旋盤のチャックのように掴む形式のものではありません。また、使用される磁石は電気磁石と永久磁石とがあります。

脱磁装置

工作物の残留磁気を取り除く装置です。磁気チャックを用いて加工した焼入れ鋼などの工作物は、加工後に磁気チャックからはずしても磁気が工作物に残っています。この装置は、工作物に残った磁気を取り去るときに使用します。

ドレッシング装置

砥石車の目立てを行い、新しい粒の切れ刃を作る装置です。砥石車は加工する間に目つぶれや目詰まりしたり、また、砥石車が減耗して形が狂ったりします。そのようなときに、この装置を用いて新しい切れ刃を出現させたり、

砥石車の作用面を正しい形状に削り取ったりします。

ドレッサ

砥石車が目つぶれや目詰まりしているときにドレッシングしたり、作用面の形状を直したりするときに使用します。ドレッシングには、ダイヤモンドドレッサがよく使用されます。

図6-2-2 付属品

（a）研削油材供給装置

（b）磁気分離器

（c）吸じん装置

（d）磁気チャック

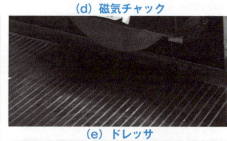

（e）ドレッサ

6-3 研削盤の種類

●研削盤の種類

　研削盤にも作業の目的に適したいろいろな構造のものがあり、研削盤もこれまでに紹介した工作機械と同様に20種類以上あります。ここでは、その中から幾つか紹介します。

円筒研削盤
　主に円筒形の工作物の外面を研削する研削盤です。主軸台、心押台、ベッド、テーブルおよび砥石台などで構成されています。

万能研削盤
　砥石台および主軸台が水平面内で旋回できる構造の円筒研削盤です。一般に、穴の内面を研削する装置を備えており、砥石台が2重に旋回できる構造の研削盤もあります。

内面研削盤
　工作物の内面を研削する研削盤です。穴の軸心に直角な端面を研削する装置を備えたものもあります。

角テーブル形平面研削盤
　平面研削盤の中で、往復運動をする角テーブルを持つ平面研削盤です。砥石軸が水平の横軸型、垂直の立て軸型および砥石頭がクロスレール上を移動する門形などがあります。

心なし研削盤
　工作物を砥石車、調整車および支持刃で支えて、その外周を加工する研削盤です。

工具研削盤
　上述のような研削盤はある形状の加工を目的としていますが、工具研削盤はその名の通り、工具の刃を研ぐための研削盤で、切り刃部分だけを研削します。テーブルの移動量は他の研削盤と比べて大きくないですが、いろいろ

な工具に適用するために砥石軸が水平面で360°旋回でき、上下にも移動することができます（図6-3-1）。

　両頭グラインダ
　両端にある2つの砥石が回転します。用途はさまざまありますが、それぞれ違う粒度の砥石を左右に取り付けて荒砥ぎと仕上げ研ぎを行います。機械加工では旋盤用のバイトを研削するときに使用します。

●平面研削盤の特徴

　平面研削盤では工作物をテーブルに固定して、工作物の上に取り付けた砥石を高速回転させ、テーブルを様々な方向に動かすことによって工作物を加工します。砥石の外周を使用することが多く、非常も大きな工作物から小さなものまで幅広く使用することができます。

●円筒研削盤の特徴

　円筒研削は、基本的に工作主軸台と心押台の両センタで工作物を支えて加工します。工作物も高速で回転させ、それに砥石を接触させて工作物の外周を加工します。比較的小さい加工物の研削に適しています。表面性状は0.5 μmから1.5 μm程度に工作物を仕上げることができます。

図6-3-1　旋盤の種類

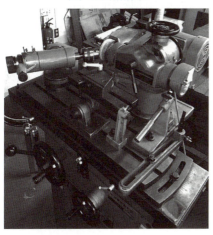

（a）工具研削盤

（b）両頭グラインダ

6-4 研削盤の主な加工方法

●研削盤の基本的な加工作業

　研削盤の加工には研削盤によっていろいろな加工方法があります。ここでは、研削加工の例を紹介します。

円筒研削
　回転する工作物の外周面を除去する研削です。両センタで支えた工作物と砥石車をともに回転させて相対速度を与えます。そして切込みと送りを与えて研削します。

内面研削
　工作物の内面を除去する研削です。砥石車と工作物の両方を回転させて、送りおよび切込みは、砥石車または工作物を移動させて研削します。

心なし研削
　チャック、センタなどで固定することなく、工作物を回転させて行う研削です。

平面研削
　工作物の平面を除去する研削です。砥石車を回転させて、工作物が固定されたテーブルに左右の往復運動と前後運動を与えながら、砥石車によって切込みを与えて研削します。

総形研削
　所用の形状に成形した総形の砥石車を用いて、工作物をその形状に仕上げる研削です。

ねじ研削
　ねじ面を創成する研削で、1山分のねじ山を形にした砥石を使用するものや複数のねじ山を形にした砥石を使用するものとがあります。

倣い研削
　型板、模型または実物に倣って、これと同じ形状に研削する研削です。

歯車研削

歯車の歯面を創成する研削で、創成方法はいろいろあります。

図6-4-1 研削盤の基本的な加工作業の種類

6-5 基本操作❶ 平面研削盤の作業

●工作物の取り付け

　平面研削盤では、一般に、磁気チャックを使って工作物を取り付けます。チャック上面で工作物が動かないようにする力は、主にチャック表面と工作物下面との吸着力です。吸着力は接触面積に比例するので、工作物の形状やチャックと工作物との接触面積の大きさ、表面性状などに注意しなければなりません。

●加工のポイント　磁気チャックへの取り付け方

　平面研削盤では、チャックの表面が基準になるので、工作物の取り付けの際、チャックの表面はきれいにしなければなりません。また、何か異物が残っていると、工作物がそれによって浮き上がり、チャックの吸着力も低下します。これは、加工精度上からも安全上からも良くありません。まず、ゴムなどのワイパーでチャック表面を一方向からきれいに拭きます。次にウエスで同じように一方向から拭き取ります。

　最後にきれいに拭いた手でテーブル表面を撫でて確認します。工作物も同様にきれいにして、最後は手で確認した方が良いです。工作物をチャックに置く際は静かに置きます。特別な条件がない限り、チャックの中央に工作物を置きます。チャックの磁極材料は軟らかいものが多いので、少しでも硬いものが当たるとすぐに傷がつき、かえりも出ます。そのため、工作物を置くときは細心の注意を払って下さい。

　工作物によっては底面積の小さい割に高さがあるもの、基準の底面だけで安定しないものや立たないもの、研削面の縦と横の比率が極端に違うものなど様々です。そのため、接触面積の少ない工作物は図6-5-1のようにブロック、イケール、チャックブロックおよび永久磁石を使った取り付け具を用いて工作物を固定します。

図 6-5-1　工作物の取り付け例

（a）ブロックを用いた取り付け例

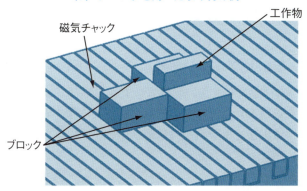

（b）イケールを用いた取り付け例

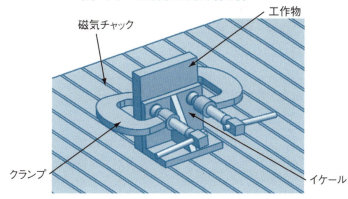

（c）チャックブロックを用いた取り付け例

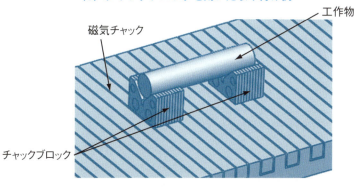

6-6 基本操作❷ 円筒研削盤の作業

●トラバース研削とプランジ研削

　円筒研削では図6-6-1のように研削盤によって異なりますが、工作物を回転させながらさらに工作物を左右に往復運動させたり、砥石車を左右に往復運動させたりする方法を**トラバース研削**といいます。工作物が1往復または折り返すときに切込みを入れます。

　折返しでは砥石車が工作物からはずれてしまうと、端部がだれてしまうので、砥石車の幅の1/2〜2/3程度は工作物に残るようにしておきます。また、折返しではその位置で送りを止めて、工作物が1、2回転する間、研削することで工作物の両端の削り残り部分をなくします。

　プランジ研削は図6-6-2に示すように、砥石車の幅が工作物の幅より大きく、砥石車で指定した寸法に切り込んだり、砥石車の幅より少し小さく工作物を移動してから一定量を切り込んだりする研削です。

●加工のポイント　工作物の取り付け方とセンタ穴

　円筒研削盤では工作物を両センタで支えて作業することが多いです。センタは旋盤加工と同様に、その先端は60°で、十分な硬さを持ち精密に研削されています。センタ穴とセンタの良し悪しが円筒度、真円度、仕上げ面などに影響します。そのため、工作物を取り付けるときにセンタ穴に切りくず、砥粒、ごみなどがあればきれいに拭き取ってから取り付けましょう。

　センタ穴をきれいにする方法としてはサンドペーパを60°くらいに折って使用したり、尖った鉄片などをウエスで巻いたもので拭き取ったり、エアガンで吹き飛ばしたりします。使用後もセンタ穴をシールして先端部を保護します。

図 6-6-1　トラバース研削

（a）テーブルトラバース（円筒研削盤）　　（b）砥石トラバース（円筒研削盤）

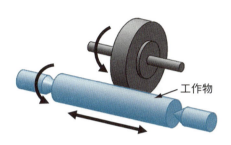
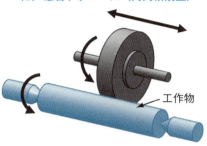

（c）トラバース研削（平面研削盤）

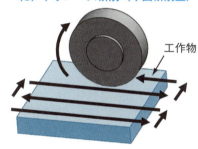

図 6-6-2　プランジ研削

（a）円筒研削盤の場合　　（b）平面研削盤の場合

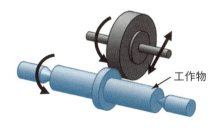
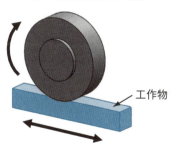

6-7 基本操作❸ 研削条件

●砥石の周速度

　研削盤の作業では、砥石を回転させて工作物を削ります。切り刃として働くのはこの砥石なので、砥石の周速度がとても重要になります。砥石の周速度はフライス盤の切削速度と同じで、砥石の回転数と外径から求まります。

$$V = \frac{\pi D N}{1000}$$

　　π：円周率（=3.14）　　　D：砥石の外径［mm］
　　N：主軸回転数［min^{-1}］　V：周速度［m/min］

　砥石の周速度は（回転数）は、その研削盤でほぼ決まってしまいます。一般に砥石の周速度が大きくなると、研削抵抗、砥石の消耗量は小さくなり、研削量は多くなり、発熱温度は高くなります。逆に、周速度が小さくなると、研削抵抗、砥石の消耗量は大きくなり、研削量は減少し、発熱温度は低くなります。

●工作物の周速度

　研削盤の作業の特色で、砥石の周速度の他に、工作物の周速度があります。工作物が回転しないで、テーブルを直線運動する平面研削盤では、その運動が速度になります。回転テーブルの平面研削盤では、そのテーブルの回転運動が速度になります。工作物の周速度は材質や加工方法によってかなり条件が異なりますが、砥石の周速度に比べて非常に小さく、砥石の周速度の1/100程度です。

●切込みと送り

　切込みによって変わるのは、砥石と工作物との接触弧の長さです。この接触弧の大きさは、発熱に影響します。小形の平面研削盤などでは砥石が小さいので接触弧の長さによる影響はあまりありません。しかし、円筒研削盤の

場合は、砥石も大きく、砥石と工作物との接触弧が大きくなり、接触弧の長さによる影響が出ます。切込みが小さいと研削抵抗、発熱が小さく、砥石の摩耗は少なく、仕上げ面は細かくなりますが、砥石が目つぶれすることがあります。

一方、切込みが大きいと研削抵抗、発熱は大きくなり、砥石の目こぼれ、目詰まりを起こしやく、そして仕上げ面は粗くなり、砥石の消耗は大きいですが、加工時間は短くなります。

研削盤での**送り**とは工作物の1回転または1工程について、砥石をどれだけ移動させるかのことをいいます。この送りの量は工作物の1回転に対して砥石幅以上にしてしまうと意味がなくなります。

一般には、荒削りのときは砥石幅の 2/3 まで、仕上げのときは砥石幅の 1/2 までにします。したがって、同じ工作物に対して、砥石幅が変わると、その送りは変えなければなりません。図 6-7-1 に研削盤の切込みと送りの調節を行う操作盤を示します。

図 6-7-1 切込みの調節と送りの調節

(a) 平面研削盤

(b) 円筒研削盤

6-8 加工精度の基本

●研削盤の加工精度

JISは汎用の研削盤の静的精度および工作精度の検査方法と、それぞれの検査事項に対応する許容値について規定しています。メーカや機種によって精度が異なるので一概にいうことはできませんが、平面研削盤の検査の一部を紹介します。

●静的精度

平面研削盤のテーブルのx軸方向運動の真直度の精度では、直定規、ダイヤルゲージおよびブロックゲージまたは各種測定器を用います。直定規、ダイヤルゲージおよびブロックゲージを用いた場合、直定規はダイヤルゲージの読みが測定長さの両端で同じ値になるようにテーブル上にブロックゲージを用いて定置します。ダイヤルゲージは、砥石軸頭の固定部分に取り付けて、直定規に当てます（図6-8-1）。

●工作精度

工作物の厚さの均一さの精度では、検査を行う前に、工作物のテーブルまたは磁気チャックとの接触面は研削しておき、工作物は図6-8-2のようにテーブルの中央に1個、四隅近くに各1個を適切に固定します。5個の工作物の硬さは同一とします。工作物の仕上げ面の寸法は、できるだけ小さくすることが望ましく、例えば、50×50角や直径50の工作物を用います。

図 6-8-1　静的精度検査の一例（JIS B 6213:2006 から抜粋）

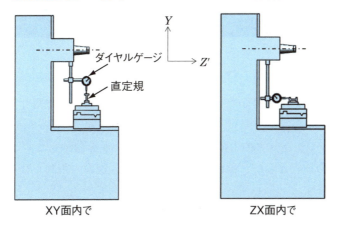

XY面内で　　　　　　　　　ZX面内で

テーブルの X 軸方向運動の真直度
許容値：いずれの向きでも測定長さ 1000 まで 0.010mm
　　　　測定長さ 1000 を超えるもの 0.016mm

図 6-8-2　工作精度検査の一例（JIS B 6213:2006 から抜粋）

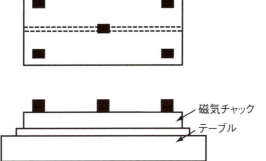

工作物の厚さの均一さ
許容値：工作物の間隔 300 mm について 0.005 mm
　　　　（工作物の間隔が 300 mm 未満の場合：許容値は
　　　　間隔に比例するが、最小値は 0.001 とする。）
　　　　最大許容値：0.025 mm

6-9 研削盤のメンテナンス

●点検および給油

ここでは研削盤の大まかな点検および給油の項目について紹介します。

- テーブルやチャックの上面にさびや傷がないかを確認します。
- 砥石車の検査として、肉眼で外観を検査し、表面の割れやひびの有無を確認します。
- 磁気チャックが正常に動くかを確認します。
- 研削盤の給油は、砥石軸受、砥石台、テーブルなどの滑り面およびハンドル軸、心押軸など必要な個所に行います。
- 潤滑油タンクに適した油が規定量入っているか確認します。
- 潤滑油が異常に劣化していないか確認します。
- 作動油に適した油が規定量入っているかを確認します。
- 作動油タンクの圧力は正常かどうかを確認します。
- 手差し給油を必要なところに給油します。
- 研削液のポンプ、吸じん装置は正常に作動しているか確認します。
- テーブル、サドル、砥石頭、砥石台の移動は円滑かどうか確認します。
- 主軸台は回転中に異常音や異常振動がないか確認します。

●掃除と手入れ

ここでは研削盤のおおまかな掃除と手入れについて紹介します。

- ウエスで研削油剤をきれいに拭き取ります。
- テーブル上面など、腐食の恐れがあるところにはさび止め用の油を薄く塗っておきます。
- 平面研削盤では、磁気チャックを取り付けると、ほぼ永久的に付けたままになります。磁気チャックを取り付けるテーブルの上面はきれいにし

ておきます。
- 砥石車は壊れやすい材質でできているので、保管には木製の保管用の棚などにおいて振動や衝撃を与えないように注意して保管します。大きい砥石車は積み重ねず、立てて保管します。
- 砥石車を運搬する際には、大きい砥石車は、運搬車を用いるか、ゴムまたはコルクなどを敷いてその上を転がした方が良いでしょう。

図 6-9-1　研削盤のメンテナンス

（a）磁気チャックの手入れ

磁気チャックの凸凹を油砥石を使って取り除きます。

（b）砥石車の保管

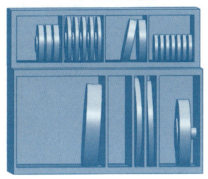

砥石は立てて棚などに保管します。

工作機械の操作記号　―操作―

操作用記号の一部を示します。これらは各種工作機械の一般的な操作で、回転の制御、着脱、電源のON、OFFなどがあります。ボタン操作やレバー操作するときに合わせて表示されていたりします。

（JIS B 6012-1 より）

名称	記号
無断変速	
締める、クランプする	
緩める、クランプ外す	
制動掛け	
制動外し	
始動、スイッチ入れ	
停止、スイッチ切り	
ハーフナット閉じ	
ハーフナット開き	

第7章

ボール盤

　ボール盤は工作物を固定し、ドリルなどの工具を回転させながら、送りをかけて穴加工する工作機械です。本章ではボール盤の概要を理解しましょう。

7-1 ボール盤の特徴

●ボール盤の作業範囲

　ボール盤は旋盤に次ぐ用途の広い工作機械です。ボール盤では主にドリルを使用して穴あけをしますが、この他に、リーマを使ってリーマ仕上げ、タップを使ってねじ立てなどいろいろな作業ができます（図7-1-1）。

　また、穴といっても、穴の径の大きさ、穴の深さも異なります。このようにボール盤では工具と工作物の相対関係を利用していろいろな工具による加工が行われています。

　ボール盤では、機械の大きさが大きくなるにつれて大きな工作物に、大きな穴あけができるようになっています。直立ボール盤や卓上ボール盤では、主軸頭が動かないので、工作物の大きさは最大でもベースから主軸端からドリルの長さまでを引いたくらいです。一方、ラジアルボール盤では主軸頭が移動できるので工作物の大きさは大きくなります。

●基本的な工作物の取り付け方

　ボール盤のテーブルに工作物を取り付ける方法はいくつかありますが、基本的にはフライス盤に工作物を取り付けるのと同じ方法です。工作物はテーブルの上でしっかり固定することが大切です。

　取り付けが中途半端ですと、切削中に工作物が振り回されたり、飛んでしまったりするのでとても危険です。そのため穴あけ位置をドリルの真下にくるように合わせて取り付けます。

　精度がそれほど必要でない簡単な穴あけでは、手で工作物を固定して加工することもありますが、通常はバイスや取付具で固定します。

図 7-1-1　ボール盤による加工作業

図 7-1-2　工作物の取り付け例

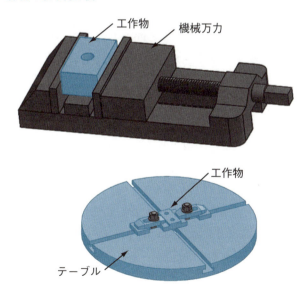

7-2 ボール盤の構造と種類

●ボール盤の構造と種類

　ボール盤は、主軸と主軸を回転させる機構、これらを支える本体および工作物を取り付けるテーブルからできています。これらの構造の違いから、直立ボール盤、卓上ボール盤、ラジアルボール盤および多軸ボール盤などに分けられます。ここでは卓上ボール盤、直立ボール盤およびラジアルボール盤について主な概要を紹介します。

●卓上ボール盤

　卓上ボール盤は、作業台上に据え付けて使用する小形のボール盤です。比較的加工径の小さな穴の加工に使用され、穴径 13 mm 以下のドリルを用いて、あまり深くない穴あけに適しています。主軸回転数はベルト、プーリによって変換します。変速数は 3、4 段程度のものが多いです。ドリルの送りは手送りで、工作物をテーブルまたはベースに取り付けて加工します。テーブルは上下に移動することができます。

●直立ボール盤

　直立ボール盤は、卓上ボール盤より大きな加工物の穴あけ加工に使用します。比較的小形の工作物の加工に適しています。20 mm 以下の穴あけによく用いられますが、機械にもよりますが、穴径 13 mm から 50 mm 程度までの加工が可能です。工作物はテーブルの上に取り付けます。送りは手動の他に、機械送りもできるようになっています。テーブルの移動は上下方向と、コラムを中心とした円周方向です。

　また、テーブルは円形のものと角形のものとがあります。主軸の回転速度の変換は、コラム上部に取り付けられています。電動機から動力は伝えられ、主軸の回転速度の変換は段車式と歯車式があります。歯車式は段車式に比べて精度が高く、高速回転での穴あけも可能です。主軸の回転数を変えるには

ハンドルによって容易に行うことができます。また、回転方向も正転、逆転の両方が使用できるので、ねじ立て作業も行うことができます。

● ラジアルボール盤

　ラジアルボール盤は、直立したコラムに沿って上下に移動でき、またその回りにアームが旋回し、そのアームの上を主軸頭は水平に移動する構造になっています。主軸はその範囲内で任意の位置に移動が可能です。

　直立ボール盤では、主軸の位置が固定されているので、穴あけの位置決めは工作物をテーブル上で動かして行いますが、ラジアルボール盤ではアームが伸縮することで、工作物を移動させることなく、複数個所の穴を開けることができます。また、機種によって異なりますが、穴径 50 mm から 70 mm 程度の穴あけが可能です。

図 7-2-1　各種ボール盤

(a) 卓上ボール盤　　(b) 直立ボール盤　　(c) ラジアルボール盤

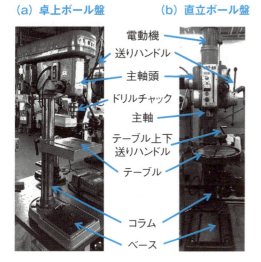

7-3 ボール盤の主な加工方法

●ボール盤の基本的な加工作業

　ボール盤では、工具が回転し、工具に送りがかけられて、工作物を固定したまま加工します。ボール盤では、主にドリルを使用して穴をあけますが、その他に次のような作業方法があります。図7-3-1にボール盤による加工作業の例を示します。

穴あけ
ドリルを用いて穴をあける切削です。

深穴あけ
長さと直径との比が4倍以上の穴をあける作業です。

リーマ仕上げ
穴あけした穴の内面をリーマで仕上げる作業です。

タップ立て
穴あけした穴に、タップでねじを立てる作業です。

中ぐり
すでに穴あけ穴などに、バイトを用いて、穴をくり広げる切削です。

座ぐり
ボルト頭やナットに接する面を丸く削り取って、座面を平らにする作業です。

皿もみ
皿頭のボルトまたは小ねじを用いるときに、工作物の穴の縁を円すい形に大きく面取りする作業です。

深座ぐり
六角穴付きボルトなどを使用する際に、その頭部を工作物に沈めるために穴をくり広げる作業です。

図 7-3-1　ボール盤の基本的な加工作業の例

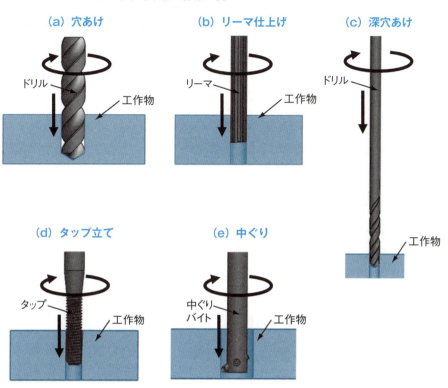

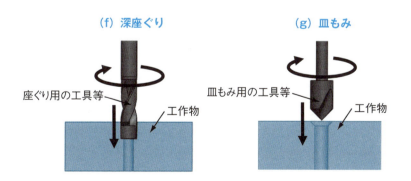

7-4 基本操作❶ 工作物の取り付け方

●工作物の取り付け

ボール盤に工作物を取り付けるとき、工作物の大きさによって、直接ベースに取り付けたり、テーブルをベースに取り付けてから、それに工作物を取り付けたりと方法はさまざまです。ここでは、工作物を取り付ける基本的な方法について幾つか紹介します。

●加工のポイント①　機械万力を用いる方法

機械万力を用いる方法として、ドリルや工作物の大きさにもよりますが、小さい工作物の取り付けは機械万力を用いるだけでなく、手で押さえる方法でも穴あけができます。図7-4-1(a)のように通し穴をあける場合には工作物の下に2つの平行台を敷き、図7-4-1(b)のように不規則な面やわずかに傾斜した面にはせり板を当てて締め付けます。また丸い工作物はVブロックを用いて締め付けると安定します。

●加工のポイント②　回り止めを用いる方法

機械万力を用いず、手で保持しやすい形や大きさの工作物では、径の小さい穴あけをする場合は、工作物が回転する方向に対して、回り止めで受けるようにして加工するとよいでしょう（図7-4-2）。

●加工のポイント③　テーブルを用いる方法

機械万力に取り付け難いものや不定形な工作物の固定方法は、図7-4-3に示すように取り付け具などを用いてテーブルに直接取り付けます。取り付けるときに、支持台の高さは工作物の高さに合うように揃えて、締め金が水平になるように締め付けます。このとき、取り付けボルトはできるだけ工作物に近づけて締めます。また、締め金がたわむものは使用しません。

図 7-4-1　回り止めを用いた取り付け例

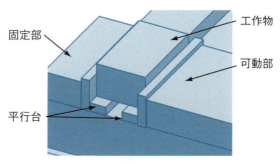

図 7-4-2　機械万力を用いた取り付け例

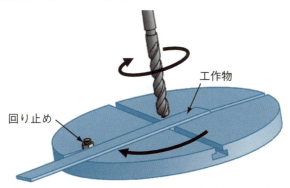

回り止めで工作物が回転するのを防ぎます。

●加工のポイント④　穴あけ治具を用いる方法

　穴あけ位置はけがきによって表示します、治具（ブシュ）を使用すると、けがきや取り付けなど手数が省けて効率的に作業ができます（図7-4-4）。ブシュを工作物に密着させた方が、加工精度は良くなりますが、切り粉がブシュの内面を傷つけていまい精度が落ちてきます。

　一方、ブシュと工作物の間にすき間を作ると切り粉はそのすき間から逃げるのでブシュは痛めませんが、加工精度が悪くなります。

　そのため、工作物によって、ブシュと工作物を密着させるか、すき間を作るかどうかを決めます。また、すき間の大きさも異なります。

図 7-4-3　テーブルを用いた取り付け例

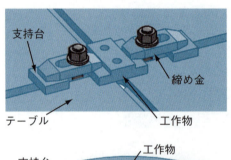

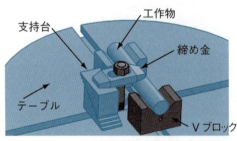

図 7-4-4　穴あけ治具を用いた取り付け例

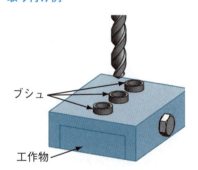

7-5 基本操作❷ ドリルの取り付け、取り外し

●ストレートシャンクドリルの取り付け方

　ドリルの規格では、13 mm 以下のドリルはストレートシャンクになっています。図7-5-1に示すように、ストレートシャンクの工具はドリルチャックを用いてドリルチャックの爪でしっかり掴みます。そのとき、専用のチャックハンドルを使用し、しっかり締め付けます。

　ドリルチャックの爪がドリルを掴むのは、ストレートシャンク部の外周の3個所です。爪が当たっていない部分はあいています。そこに切り粉などが入りやすいので、切り粉を挟んだままドリルを掴むとドリルが振れてしまいます。

　また、ドリルが空転したときに、爪との間に切り粉などを巻き込むと、シャンク部に傷を付けてしまいます。そのため、ドリルチャックの周りはきれいにしておくことが大切です。

●テーパシャンクドリルの取り付け方

　シャンクのモールステーパ番号が主軸のテーパと同じときは、主軸穴にドリルを直接はめ込みます（図7-5-2）。はめ込む前に、シャンクおよびドリルのテーパ部はきれいに拭いて切り粉やごみを挟まないようにします。そして、主軸の回し溝とドリルのタングの向きを合わせてからはめ込みます。

　このとき、ドリルの刃部をウエスなどで被せてから掴むと安全です。ドリルの抜取りは、主軸の回し溝にドリフトを差し込み、ドリルの刃部はウエスなどを介して掴み、ドリフトの頭部をハンマで軽くたたいて取り外します。主軸のテーパ穴とドリルのテーパが合わない場合は、図7-5-2に示すようなスリーブやソケットを介して取り付けます。

図 7-5-1　ストレートシャンクドリルの取り付け方

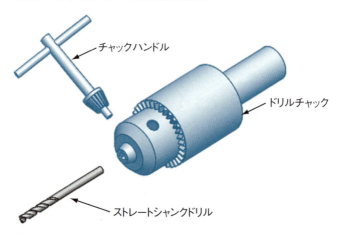

図 7-5-2　テーパシャンクドリルの取り付け、取り外し方

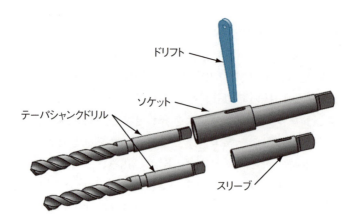

7-6 基本操作❸ 穴あけ

●貫通穴

　ボール盤作業では、穴の位置決めおよびあけはじめの作業が重要です。ドリルの先端が工作物の裏側に抜けるとき、ドリルの先端のチゼルエッジ部に切削する力がないのに押し込む力が大きいまま進めると、切れ刃が下方へ食い込みやすくなります。

　このとき、工作物が回されたり、ドリルが折れたりする恐れがあります。ドリルが抜ける瞬間は食い込まないように、手動送りでゆっくり送りながら、工作物の切削音や押し込む力の変化に気を付けながら作業します（図7-6-1）。

●下穴加工

　直径の大きいドリルでは、ウェブが厚いので、チゼルエッジ部の長さも長くなり、ドリルが不安定でも見つけ難いです。さらに、切削抵抗も大きいので時間がかかります。そこで、工作物を図7-6-2のように、チゼルエッジ部の長さよりやや大きいドリルで先に穴をあけておくと良いです。穴の直径が特に大きい場合や、ボール盤の能力が小さい場合には、下穴を数回に分けて、段階的に穴を広げて加工していくとよいでしょう。

●リーマ仕上げ、タップ立て

　リーマ仕上げではドリルで下穴をごくわずか削り取って、穴を正確な寸法に仕上げるとともに加工面を滑らかにします（図7-6-3）。仕上げ代は工作物の材質、リーマの直径などによって最適の値がありますが、およそ0.1 mmから0.2 mm程度です。

　仕上げ代が大きすぎるとリーマの負担が大きくなり、切れ刃が摩耗してリーマの寿命を縮めてしまいます。さらに、リーマの溝に切りくずが多く詰まると、この詰まった切りくずで穴の仕上げ面に傷を付けてしまい、仕上げ精

度を悪くしています。逆に仕上げ代が少なすぎると、切れ刃が滑ってドリルの削り跡が残り、仕上げ面は良くなりません。

　タップ立てでは、下穴をどのように決めるかが重要です。ねじの下穴がタップに対して大きすぎるとねじ山が小さくなり、おねじとのかみ合いが少なくなって締め付ける力が小さくなります。逆にねじの下穴が小さいとタップへの負荷が大きくなりますが、かみ合いは大きくなって締め付ける力が大きくなります。とくに下穴の指定がない場合は、下穴表を参考に加工します。

図 7-6-1　貫通穴の加工

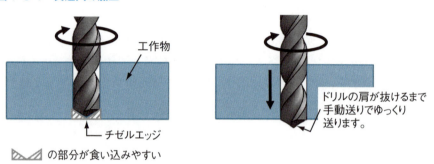

図 7-6-2　下穴加工

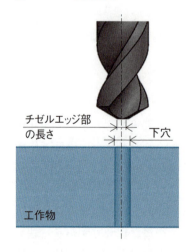

図 7-6-3　リーマ仕上げとタップ立て

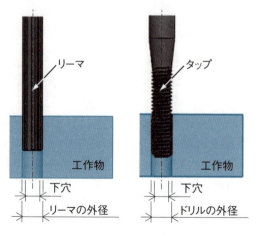

7-7 基本操作❹ 切削条件

●ドリルの切削速度と送り

　ドリルの**切削速度**はドリルの外周速度で表し、送りは1回転あたりのドリルの進む長さで表します（図7-7-1）。切削速度と送りの切削条件はドリルや工作物の材質、ドリルの直径およびボール盤の性能などによって異なります。また、穴の深い加工では、穴が深くなるにつれて切りくずが排出し難くなります。そのような場合は、切削条件を考慮する必要があり、送りを小さくするなどします。ドリルの回転速度 N は、次のようなドリルの直径と切削速度が与えられた場合、の式で算出できます。

$$V = \frac{\pi DN}{1000}$$

　　π：円周率（=3.14）　　　　D：ドリルの直径［mm］
　　N：ドリルの回転数［$\min^{-1}$］　V：切削速度［m/min］

　切削速度は、工作物の種類によって異なります。そのため、メーカが提供している切削条件を参考に使用して回転数を決定してください。リーマの切削条件も条件によって異なります。リーマ仕上げの場合には、仕上げ面に対して、仕上げ代を小さくし、遅い切削速度で、送りを大きくして作業すると仕上げ面が良くなります。

図 7-7-1　切削速度と回転速度

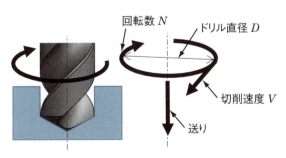

●切削油

　ボール盤で行う作業は、穴あけ、リーマ仕上げ、ねじ立てのいずれも刃先が穴を塞ぐようにして削っているので、切りくずを外部へ排出しながら作業を進めていくように注意しなければなりません。

　穴あけの際、ドリルの溝の容積が比較的大きいので、切りくずの排出はやや容易ですが、リーマ仕上げやねじ立ての場合はそれが困難で、特に止り穴の場合はさらに困難です。そのため、切削油剤は、仕上げ面を滑らかにしたり、刃先の摩耗を防いだりする役目もありますが、切りくずの排出を第一に考えて、流動性の良いものを使用する必要があります。以下にリーマ加工で使用する切削油剤について紹介します。

鋳鋼、鋼
硫黄や塩素系の極圧添加剤の入った不水溶性切削油剤を使用します。

銅、銅合金
拡大代に影響するので、水溶性のものや軽油などの低粘度のものを使用します。

アルミ、アルミ合金
銅と同様に拡大代の影響が大きいので、灯油、軽油、などの低粘度鉱油か混合油を使用します。

ステンレス鋼、耐熱鋼
不水溶性切削油剤3種を使用します。

鋳鉄
切削油剤を使用しない乾式リーマ加工でもよいのですが、拡大代や仕上げ面粗さなどから切削油剤を使用する場合は、種油やラードなどの動植物油、水溶性切削油剤1種、2種などを使用しますが、鋼ほど効果はありません。

　以上で示したものには、工作物によっては化学反応を起こして腐食するものもあるので注意してください。

7-8 加工精度の基本

●ボール盤の加工精度

　JISではアームの高さが調整可能な普通精度の汎用のラジアルボール盤の静的精度の検査事項に対応する許容値について規定しています。メーカや機種によって精度が異なるので一概にいうことはできませんが、検査の一部を紹介します（図7-8-1）。

●静的精度検査

上面の平面度の検査
精密水準器または直角定規およびブロックゲージを用いて測定します。

アームの旋回運動とベース上面との平行度の検査
ダイヤルゲージを主軸に取り付けます。主軸頭は3個所の位置でそれぞれ締め付けます。

主軸テーパ穴の振れ
ダイヤルゲージおよびテストバーを用いて主軸近くと主軸端から300 mmの位置で主軸の振れを測定します。

　この他の静的精度検査に、主軸頭の運動ベース上面との平行度、主軸中心線とベース上面との直角度、主軸運動とベース上面との直角度があります。
　また、剛性検査では、主軸に軸方向の力を加えたときの主軸中心線のテーブルに直角な位置からの変位を測定します。

図 7-8-1　静的精度検査の一例（JIS B 6208:1998 から抜粋）

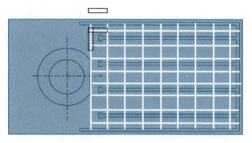

ベース上面の平面度
許容値：測定長さ 1000 mm について 0.1 mm
　　　　（中高であってはならない）

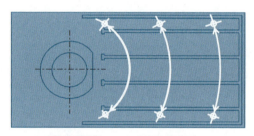

アームの旋回運動とベース上面の平行度
許容値：測定長さ 300 mm について 0.05 mm

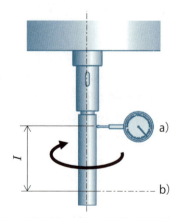

主軸テーパ穴の触れ（クイルは引っ込める）
許容値：a）主軸端近くで 0.025 mm
　　　　b）主軸端から I=300 mm の位置で 0.05 mm

7-9 ボール盤のメンテナンス

●点検および給油

ここではボール盤の大まかな点検および給油の項目について紹介します。
・給油個所を確認し、必要な量だけ補給します。
・主軸のテーパ穴、ドリルのテーパシャンクは、きれいに拭いてあるか確認します。テーパ部に切りくずやごみが入ると加工精度を悪くしたり、テーパ部を傷つけたりする恐れがあります。
・作業が終了したら、切りくずや油の汚れをきれいに拭き取ります。特に主軸の周り、ハンドル、レバー、テーブル、コラムおよびベースの掃除はしっかり行います。

●作業の安全と手順

ボール盤で穴あけ作業をするときには切削前に行うべき作業がいくつかあります。図面を読んで、ドリルの大きさや、工作物の取り付けを行います。穴が複数あるときには、その順番も決める必要があります。図7-9-1に作業手順の概要を示します。

> **⚠ 工作物の測定**
>
> 　加工した工作物の測定では、測定個所の形状や精度によって最適な測定器を選択する必要があります。例えば、内径、外径、幅、および深さを測定するときに用いる測定器としてノギスやマイクロメータがあります。ノギス自体の精度は 0.05 mm、マイクロメータは 0.01 mm から 0.001 mm です。測定器に高い精度があっても測定のやり方でまったく違う寸法になります。
>
> 　また、治具や機械万力を用いて工作物を固定するとき、治具や機械万力の芯出しの測定精度が工作物の仕上がりに影響します。そのため、加工技術はもちろんですが、測定技術もとても大切です。

図 7-9-1 作業手順の概要

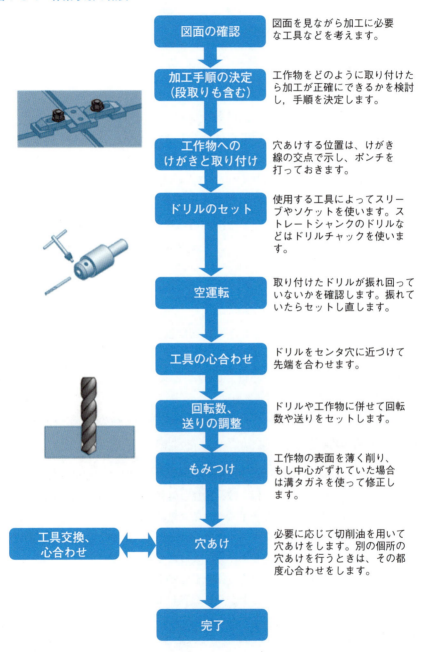

- 図面の確認 — 図面を見ながら加工に必要な工具などを考えます。
- 加工手順の決定（段取りも含む） — 工作物をどのように取り付けたら加工が正確にできるかを検討し，手順を決定します。
- 工作物へのけがきと取り付け — 穴あけする位置は、けがき線の交点で示し、ポンチを打っておきます。
- ドリルのセット — 使用する工具によってスリーブやソケットを使います。ストレートシャンクのドリルなどはドリルチャックを使います。
- 空運転 — 取り付けたドリルが振れ回っていないかを確認します。振れていたらセットし直します。
- 工具の心合わせ — ドリルをセンタ穴に近づけて先端を合わせます。
- 回転数、送りの調整 — ドリルや工作物に併せて回転数や送りをセットします。
- もみつけ — 工作物の表面を薄く削り、もし中心がずれていた場合は溝タガネを使って修正します。
- 工具交換、心合わせ ⇔ 穴あけ — 必要に応じて切削油を用いて穴あけをします。別の個所の穴あけを行うときは、その都度心合わせをします。
- 完了

第8章

NC工作機械

　NC工作機械は、工具交換を含めて加工時間を短縮でき、NCプログラムを作成することで自動運転ができるなどの優れた特徴があります。NC工作機械には、NC旋盤やワイヤ放電加工機、マシニングセンタなどがありますが、この章ではNC旋盤とマシニングセンタの概要を理解しましょう。

8-1 NC工作機械の特徴

● NC工作機械とは

NC工作機械のNCとは**数値制御**（Numerical Control）のことで、工作物に対する工具経路や加工に必要な作業工程などを数値情報で命令します。このNC装置を持った工作機械のことを一般に**NC工作機械**といいます。最近のNC装置は、そのほとんどがコンピュータを備えているので、**CNC装置**（コンピュータ数値制御、Computerized NC）といったりします。

NC工作機械にはNC旋盤、NCフライス盤などがあります。その他に、工具の自動交換機能を備え、工作物の付け替えなしに、多種類の加工を行う**ターニングセンタ**および**ATC**（自動工具交換装置、Automatic Toolchanger）を備えており、穴あけ、中ぐり、フライス削りなどの複数の加工を可能にした**マシニングセンタ**（MC）などがあります。またNC研削盤、ワイヤ放電加工機、NCレーザ加工機など、NC工作機械の分野がさらに広がってきています。

● NC工作物機械の特徴

NC工作機械の特徴として、従来のハンドル操作の汎用機械と比べて高精度で、複雑な曲面形状を持つ加工ができることです。移動命令が0.01 mmまたは0.001 mm単位で行えるので、繰返し精度が高く、加工品がほとんど均一にできるので組立てが容易になります。切削速度や切込み量などの切削条件をあらかじめ選定できるので、切削時間や仕上げ面を最適にできます。

また、高精度な加工ができ検査個所も少なくすることもできるので、その結果、検査に要する時間やコストを節約することができます。加工する際に必要な治具や工具を大幅に少なくできるので、治具類の製作費、製作時間、保管場所、保管費用が減少します。

NC工作機械ではNCデータなどの電子情報の製作や保管の費用が増えますが、治具のかかる経費に比べてかなり少額で済みます。この他にもメリッ

トは多く NC 工作機械が活躍する場がますます増えています。

● NC 工作機械を使うにあたって

　汎用工作機械と NC 工作機械とを比べると、お互いにメリットとデメリットがあります。汎用工作機械は、基本的な操作を覚えれば多くの種類の部品が作れます。

　また、加工をはじめる前の段取りが短時間ででき、単品加工であれば NC 工作機械よりも短時間で部品をつくれることなどのメリットがあります。しかし、同時に複数の軸を正確に動かす加工が難しく、曲面や複雑形状の加工にはあまり向きません。

　一方、NC 工作機械は、NC 工作機械の特徴で説明したようなメリットがあり、NC プログラムや、工具や工作物の段取りができれば、機械加工の初心者であっても短時間で高精度な部品をつくることができます。

　しかし、実際の NC 工作機械による加工は、段取りや NC プログラムの作成が難しく、使いこなせるようになるには多くの経験と技能が必要になります。

図 8-1-1　NC 工作機械の操作風景

NC 工作機械は加工が速いですが、段取りが重要です。それは汎用工作機械でも、NC 工作機械でも同じことです。

● NC の構成

図 8-1-2(a) に NC 工作機械の構成と情報の流れを示します。NC 工作機械は NC 装置と工作機械本体によって構成されています。加工物や工具の位置などの動き、主軸の回転数、使用する工具、切削剤の供給の ON、OFF など、機械操作の指令は数値情報（NC プログラム）としてパソコンなどを利用して作成します。

作成した NC プログラムは NC 装置内のメモリに記憶します。転送方法としてはメモリカードを使用したり、直接パソコンから転送したりする方法があります。

この NC プログラムは、その後、情報処理回路が読み取って、指令パルス列（機械の移動量）に変換され、サーボ機構の入力になって工作機械のテーブルや主軸頭を駆動します。そのパルス数は、サーボ機構に入力されたモータを駆動し、テーブルを所定の位置まで移動させることによってテーブル上の工作物に対して工具が、NC プログラム通りに動き、加工が行われます。図 8-1-2(b) は半閉ループ制御の一例で、この制御では送りねじの回転角をフィードバックしています。

● NC プログラムとは

一般の工作機械では、機械の操作は人間が行いますので、機械があればそれで十分に役立ちます。しかし、NC 工作機械では、機械の動作はほとんどが自動なので、その動作指令は NC データによって与えられます。

NC データを作成するにあたって、使用する工作機械の選定、工作物の取り付け方、必要な治工具の選定、切削手順、切削条件などあらかじめ決めておくことがあります。

このような条件のもとに NC プログラムの作成に移りますがプログラムの作成方法には、手作業で NC データを作成する**マニュアルプログラミング**、NC データの作成から NC 工作機械による製作までの過程をサポートする **CAD/CAM システム**および NC 装置内にある **AI プログラム**（Artificial Intelligence、AI）などがあります。プログラム作成の流れを図 8-1-3 に示します。

図 8-1-2 NC システムの構成

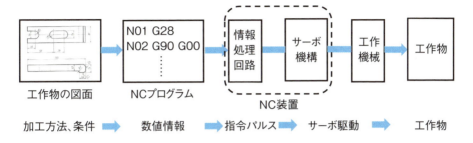

図 8-1-3 NC プログラム作成の流れ

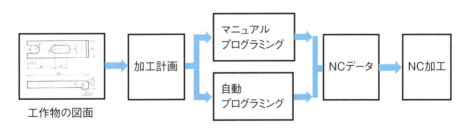

8-2 NC工作機械の構造

● NC旋盤とマシニングセンタの各部の名称と機能

図8-2-1に立て形マシニングセンタ（MC）およびNC旋盤を示します。操作する上で主に必要になる部分を紹介します。共通する機能とそれぞれ固有の機能とがあります。

電源スイッチ（共通）

電源スイッチは、3種類あり、機械全体を起動するための主電源スイッチ、NC装置を起動するためのNC操作盤の電源スイッチおよび非常のとき機械部分を緊急停止させる非常停止スイッチから構成されています。

NC操作盤（共通）

NC旋盤またはマシングセンタの動きを操作するための操作盤です。CRT操作盤と機械操作盤によって構成されています。図8-2-1(c)に操作盤の例を示します。これはメーカによって使用方法や配置などは異なります。

主軸およびテーブル（MC）

フライス、ドリルなどを取り付けた主軸のZ軸運動、工作物を取り付けるテーブルのX軸、Y軸運動によって切削工具と工作物の相対運動が行われ、加工していきます。

ATC（自動工具交換装置）（MC）

ATCは工具を収納する多くのポットから構成され、NC装置からの指令によってATCアームによって主軸に取り付けられます。

主軸台（NC旋盤）

工作物を取り付けて回転する主軸と、主軸を回転するサーボモータからなります。

刃物台

タレット式刃物台は工具を複数の取り付け台で、X軸、Z軸方向に運動します。

その他（MC）

ATCを駆動するための油圧装置、自動パレット交換装置とそれを駆動するための空気圧装置が付けられたものなどがあります。

その他（NC旋盤）

スクロールチャックを開閉するための空気圧または油圧装置や工作物を自動交換できる装置が付いたものなどがあります。

図8-2-1　NC旋盤とマシニングセンタ

(a) NC旋盤の例

(b) マシニングセンタの例

(c) NC操作盤の例

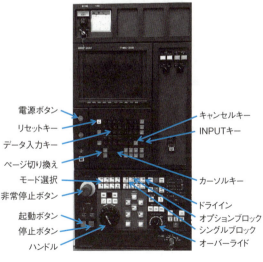

8-3 NCプログラムの構成と作成手順

●ワードとブロック

NCプログラムにはNC工作機械を操作するために、「NC工作機械の運転順序、加工順序、工具交換」、「工具経路の座標軸、移動量」、「送り速度、主軸回転速度などの切削条件」などを記述します。そのプログラムは、**NC言語**と呼ぶ専門言語を使用します。

NCプログラムは図8-3-1のように、アドレスとそれに続く数値データのワードを組み合わせたブロックを順に組み合わせて構成されます。表8-3-1に主なアドレスを示します。NC言語の単語は英字と数値でできています。この単語を**ワード**といいます。英字は**アドレス**と呼ばれ、機械の各種動作、機能に対応します。また、数値は**データ**と呼ばれ、アドレスで選択した動作、機能の具体的指令内容を表します。**ブロック**は1行の指令のことをいい、1動作に必要な命令を行います。各ブロックの最後には「；」（エンドオブブロック、EOB）を必ず付けます。また、**プログラム番号**（シーケンス番号）を付けることで、プログラムリストやブロックの数を管理しやすくなります。

●ワーク座標系と機械座標系

プログラミングでは、工作物上に設定した加工原点をもとに工作物に対する工具の動きをワーク座標系（工作物上に固定された右手直交座標系）で設定します。図8-3-2は右手直交座標系の一例を示し、同図(a)は旋盤系、同図(b)はフライス盤系のワーク座標系と座標軸の記号を示します。

また、NC工作機械は、固有の機械基準点をもち、これを基準に座標系が決められています。**機械基準点**は、工具と工作物が最も離れた位置にあり、この基準点をもとに示した右手直交座標系を**機械座標系**といいます。NC工作機械を運転する場合には必ず原点復帰操作をして、機械座標系を設定しておく必要があります。

ワーク座標系は、プログラムしやすいように、工作物の基準点にワーク座

標原点（プログラム原点）を設け、これを基準にした座標系です。

● NCプログラムの基本的な作成手順

　NCプログラムを作成する場合には、対象とする機械によってプログラムの指令の順序が決まっています（図8-3-3）。

図8-3-1　ワードとブロック

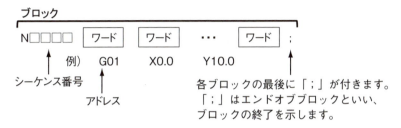

表8-3-1　主なアドレス

アドレス	機能・名称	用　途
O	プログラム番号	プログラムの識別
N	シーケンス番号	ブロック（行）番号
G	準備機能	動作の指令
M	補助機能	機械側の制御指令
X, Y, Z, U, W I, J, K	座標語	X, Y, Z, U, W：軸移動の指令 I, J, K：円弧の中心座標 I（X成分）、J（Y成分）、K（Z成分）
R	円弧半径指定	円弧の半径
S	主軸機能	主軸の回転数の設定（rpm）
F	送り速度指定	切削時の送り速度の設定（mm/min）
T	工具機能	工具番号の指定
P	ドウェル	指定時間停止

図 8-3-2　ワーク座標系と機械座標系

(a) NC 旋盤の座標系の例

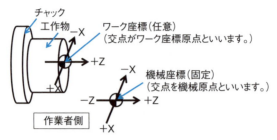

(b) マシングセンタの座標系の例

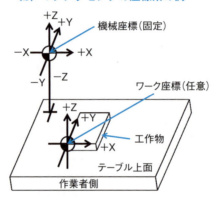

図 8-3-3　NC プログラムの作成の流れ

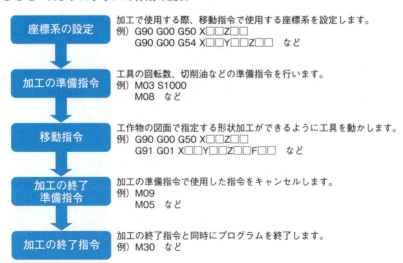

8-4 NC旋盤のプログラミング

●準備機能（Gコード、G機能）について：G□□

　Gコードとは、NC装置内部で軸の移動や座標系の設定などを処理する機能です。以下に代表的なGコードについて説明します。以降、また、G□□、X□□などの□の箇所には数値または変数を入力します。

ワーク座標系の設定（G50）：G50 X□□ Z□□

　NC旋盤では、工具の動きを制御するのに機械座標を使用しますが、プログラムでは図面ごとにプログラム座標を設定します。図8-4-1のように、ワーク座標原点を定め、この点を基準として工具経路をプログラミングします。

　このとき、X軸の座標値は直径値で与えるのが一般的です。図のように設定すれば、切削のときのZ軸の値は−（マイナス）となります。ワーク座標系を設定するためには、機械基準点からワーク座標原点までの距離をNC装置に認識させなければなりません。

　このためには、図のように、工作物や取り付け具に接触しない点に工具出発点を決め、この点に工具を移動させたときに、ワーク座標系設定指令でワーク座標原点との相対位置を指令するようにします。

位置決め（G00）　G00 X（U）□□ Z（W）□□および直線補間（G01）
**　G01 X（U）□□ Z（W）□ F□□**

　G00に続く座標値を指令すると、現在位置から指令された座標値まで早送りで軸を動かせます（図8-4-2）。インクレメンタルのときは、X、Z軸に対応してU、Wで指令します。早送りでは各軸が設定された速度で独立して動くため、各軸の移動量が違う場合は終点に向かって一直線という軌道にはなりません。移動量の短い軸の移動が先に終わったら、移動量が長い軸の残りだけが移動します。

　G01に続く座標値を指令すると、現在位置から指令された座標値まで設定した送り速度で移動します。この移動は直線的に移動します（図8-4-3）。送

図8-4-1 ワーク座標系の設定

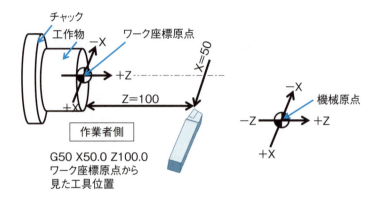

図8-4-2 位置決め（G00）

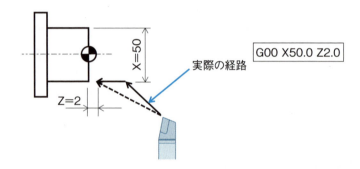

図8-4-3 直線補間（G01）
（a）図8-4-2との違い　　　　　（b）外丸削りの例

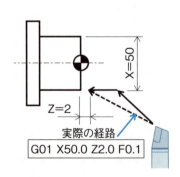
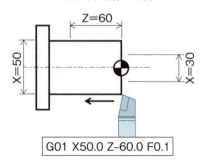

り速度F□□で指令した値は同じブロックで設定できます。G00、G01およびFは同じ動作が続く場合は省略できます。これを**モーダル情報**といいます。また、そのブロックでのみ有効なアドレスを**ワンショット情報**といいます。

円弧補間（G02,G03）：G02X（U）□□Z（W）□□I□□K□□F□□
　　　　　　　　　　　G03X（U）□□Z（W）□□R□□F□□

円弧補間は、円弧の中心を指定する方法と円弧のRを指定する方法との2種類があります。G02は右回り、G03は左回りです。終点の座標（X, Z）と始点から円弧中心までのベクトル値（I, K指令）または円弧の半径（R）を指令します。各座標と送り速度は省略可能です（図8-4-4）。

図 8-4-4　円弧補間（G02,G03）

（a）刃物台が作業者側にある場合　　（b）刃物台が作業者と反対側にある場合

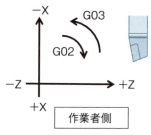
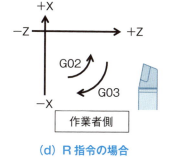

（c）I、K 指令の場合　　（d）R 指令の場合

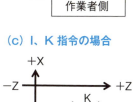
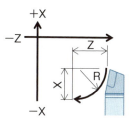

ドウェル（G04）：G04 P□□

次のブロックの実行を遅らせる機能で、G04に続いてアドレスPで時間[ms]を指定します。G04 P2000とした場合、次の実行まで2秒遅らせることができます。ドウェルは、ドリルによる穴あけのときなど、穴底で工具の送りを停止して、仕上げ面を整えたいときに有効です。

自動原点復帰（G28）：G28 X（U）□□ Z（W）□□

リファレンス点復帰の指令で、機械原点へ戻るときなどに使用します。工具を機械基準点に自動復帰させる指令で、G28に続く中間通過点を経由して移動します。

周速度一定制御（G96）と周速度一定制御キャンセル（G97）：G96 S □

S機能で指令された回転数で回転しても被作面の外径が変化すると切削速度が異なるので、G96を使用することで切削速度を常に一定に保ちます。G97で周速度一定制御をキャンセルします。

毎回転送り（G99）と毎分送り（G98）：G99 F □□

F機能で指令された数値で毎回転あたりの送り（G99）と、毎分あたりの送り（G98）を設定できます。

また、この他にプログラムを簡単にする機能として、固定サイクルという機能が用意されています。外径、内径旋削サイクル、端面旋削サイクル、ねじ切りサイクルがあります。Gコードは、機械メーカによって異なりますが、表8-4-1に主なGコードを示します。

表8-4-1　主なGコード

Gコード	機能・名称
G 00	位置決め
G 01	直線補間
G 02	円弧補間（時計回り）
G 03	円弧補間（反時計回り）
G 04	ドウェル
G 28	自動原点復帰
G 96	周速度一定制御
G 97	周速度一定制御キャンセル
G 98	毎分送り
G 99	毎回転送り

8-5 NC 旋盤のプログラミングの機能

●補助機能（M コード、M 機能）について：M □□

　M コードは、加工を行うための補助機能になります。プログラムを停止させたり、主軸の回転やクーラントの ON、OFF などを行ったり、機械操作盤にあるボタンの代わりに使用する機能です。M コードは、機械メーカによって異なります。表 8-5-1 に一般的な M コードを示します。

表 8-5-1　NC 旋盤の主な M コード

M コード	機能・名称
M 00	プログラムストップ
M 03	主軸正転
M 04	主軸逆転
M 05	主軸停止
M 06	工具交換
M 07	クーラントオン
M 08	クーラントオフ
M 98	サブプログラム呼び出し
M 99	サブプログラムエンド

●主軸機能（S コード、S 機能）について：S □□

　S コードは、アドレス S に続く 2～4 桁の数値で主軸の回転数 [$\min^{-1}$] を設定します。加工する材料と工具によって回転数を決めます。

　主軸の回転速度 N [$\min^{-1}$] を工作物の切削速度 V [m/min] から求める方法は、汎用工作機械の場合と同様で、

$$V = \frac{\pi DN}{1000}$$

π：円周率（=3.14）　　　D：工作物の径［mm］
N：主軸回転数［$\min^{-1}$］　V：切削速度［m/min］

から求められます。

●工具機能（Tコード、T機能）について：T□□

Tコードはアドレス T に続く 4 桁の数値で工具を自動選択するときに使用します。数値の最初の 2 桁で工具番号を、後の 2 桁で工具補正番号を指定します。あらかじめ登録した工具の割出しと工具補正を指令します。

●送り機能（Fコード、F機能）について：F□□

Fコードは送り機能のことで、工作物を切削するときの送り速度を設定します。アドレス F に続いて送り速度を数値で指令します。

⚠ 安全衛生の確保

　工作機械を扱うことで産業が発達してきたことはいうまでもありませんが、作業では必ず危険を伴います。誰もが幸福な生活を望んでいる一方で、逆に不幸になってしまうこともあります。ここには大きな矛盾がありますが、その矛盾をできる限りなくしていくために、安全な作業環境を作っていくことが大切です。

　安全衛生といっても、人道上と経済上からの観点からのもの、生活態度や生活環境からの観点のもの、生産性からの観点からのもの、といったようにさまざまです。しかし、どの視点においても、最近の技術革新に対応しつつ、安全衛生を確保することは一人ひとりにとって重要な課題です。

8-6 マシニングセンタのプログラミング

● Gコード（G機能）について：G□□

ワーク座標系の設定（G92、G54～G59）：G92 X□□ Y□□ Z□□、G54

　マシンにングセンタでは、図8-6-1のように、ワーク座標系を設定するためには次の2つの方法があります。

　G92とそれに続く座標値で指定する方法では、この指令によって工具先端が点Aにあるときに設定すれば、点AがX□□ Y□□ Z□□となるようにワーク座標系が設定されます。

　一方、G54～G59を使う方法では機械基準点からワーク座標系の原点までの距離をあらかじめNC装置に登録しておくことで、図のように6つのワーク座標系を設定できます。

図8-6-1　ワーク座標系の設定

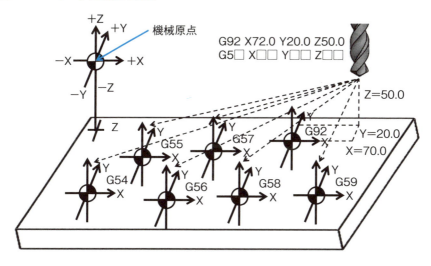

アブソリュート指令（G90）とインクレメンタル指令（G91）

NC 旋盤とは違い、この指令はプログラムを開始するときに必ず行わなければなりません。G90、G91のどちらの場合でも X, Y, Z を使用します。

平面指定（G17、G18、G19）

平面指定は加工する平面を指定する機能で、G17 は XY 平面の指定、G18 は ZX 平面の指定、G19 は YZ 平面の指定です。円弧補間や工具径補正を使用したときの工具の軌道が変わります。

位置決め（早送り）（G00）：G00 X □□ Y □□ Z □□

G00 に続く座標値を指令すると、現在位置から指令された座標値まで早送りで軸を動かせます。G00 と G01 では工具経路が異なることがあるので取り付け具や工作物に接触しないように注意してください（図 8-6-2）。

直線補間（G01）：G01 X □□ Y □□ Z □□

G01 に続く座標値を指令すると、現在位置から指令された座標値まで設定した送り速度で移動します。送り機能 F で設定された送り速度で直線的に切削します。

円弧補間（G02,G03）：（G17）G02X □□ Z（W）□□ I □□ K □□ F □□
   G03X（U）□□ Z（W）□□ R □□ F □□

円弧補間は、現在位置から指令された座標値まで円弧に沿って切削することができます。円弧補間は、右回り（G02）または左回り（G03）の指定のあとに終点の座標（X, Z）と始点から円弧中心までのベクトル値（I, K 指令）または円弧の半径（R）を指令します（図 8-6-3）。

図 8-6-2　工具経路の違い

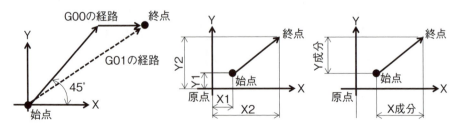

(a) G00 と G01 の違い　　(b) アブソリュート方式　　(c) インクレメンタル方式

図 8-6-3　円弧補間（G02，G03）

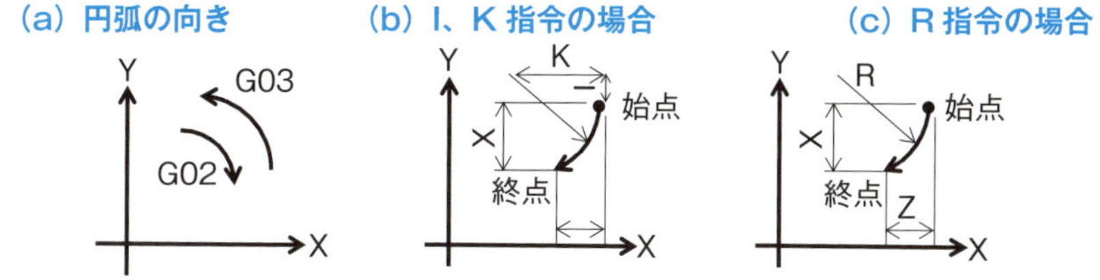
(a) 円弧の向き
Y
G03
G02
X
(b) I、K 指令の場合
Y
K
I
始点
X
終点
X
(c) R 指令の場合
Y
R
始点
X
終点
Z
X

ドウェル（G04）：G04P □□

次のブロックの実行を遅らせる機能で、G04 に続いてアドレス P で時間［ms］を指定します。G04 P2000 とした場合、次の実行まで 2 秒遅らせることができます。ドウェルは、ドリルによる穴あけのときなど、穴底で工具の送りを停止して、仕上げ面を整えたいときに有効です。

自動原点復帰（G28）：G28X（U）□□ Z（W）□□

工具を機械基準点に自動復帰させる指令で、G28 に続く中間通過点を経由して移動します。マシニングセンタでは同時に 3 軸が移動するので、一度工作物から 50 mm 程度逃がしてから、このコードを使用するようにします。

また、この他にプログラムを簡単にする機能として、固定サイクルという機能が用意されています。これにはドリルサイクル、タッピングサイクルがあります。G コードは、機械メーカによって異なりますが、表 8-6-1 に一般的な G コードと M コードを示します。

● M コード（M 機能）について：M □□

基本的には NC 旋盤と同様で、**M コード**は加工を行うための補助機能になります。プログラムを停止させたり、主軸の回転やクーラントの 0N、0FF などを行ったり、機械操作盤にあるボタンの代わりに使用する機能です。

●主軸機能（S コード、S 機能）について：S □□

S コードは、アドレス S に続く 2 ～ 4 桁の数値で主軸の回転数［min^{-1}］を設定します。加工する材料と工具によって回転数を決めます。

主軸の回転速度を工作物の切削速度から求める方法は、汎用工作機械の場

合と同様で、

$$V = \frac{\pi D N}{1000}$$

　　π：円周率（=3.14）　　D：工作物の径［mm］
　　N：主軸回転数［min^{-1}］　　V：切削速度［m/min］

から求められます。

●Tコード（T機能）について：T□□

マシニングセンタではTコードの指令は、Tに続く2桁の数値で、使用する工具を指定します。

●Fコード（F機能）について：F□□

Fコードは、工作物を切削するときの送り速度を設定します。アドレスFに続いて送り速度を数値で指令します。

表8-6-1　マニングセンタの主なGコード

Gコード	機能・名称	Mコード	機能・名称
G 00	位置決め	M 00	プログラムストップ
G 01	直線補間	M 03	主軸正転
G 02	円弧補間（時計回り）	M 04	主軸逆転
G 03	円弧補間（反時計回り）	M 05	主軸停止
G 04	ドウェル	M 06	工具交換
G 17	XY平面	M 07	クーラントオン
G 18	ZX平面	M 08	クーラントオフ
G 19	YZ平面	M 98	サブプログラム呼び出し
G 28	自動原点復帰	M 99	サブプログラムエンド
G 54～G 59	ワーク座標系設定		
G90	アブソリュート指令		
G91	インクレメンタル指令		
G92	ワーク座標系の設定		

8-7 加工精度の基本

● NC 工作機械の加工精度

　JIS は NC 工作機械の工作精度の検査方法を規定しています。メーカや機種によって精度が異なるので一概にいうことはできませんが、その一部を紹介します。

●数値制御による位置決め精度試験

　数値制御の位置決めの正確さおよび繰り返し性を決定するために用いる試験方法について規定しています。その試験は、工具を保持する構成要素と工作物を保持する構成要素との間の相対変位を測定することによって行われます。図 8-7-1 に測定結果の例（JIS B 6190-2:2008）を示します。測定結果では、軸の両方向位置決め偏差、位置決めの系統偏差、位置決めの繰り返し性および位置決めの正確さなどを求めています。

●数値制御による円運動精度試験

　数値制御工作機械の 2 つの直進運動軸を同時に制御して円運動させたときの両方向の真円度、平均的な両方向の半径偏差、真円度および半径偏差の精度試験方法および通則について規定しています。図 8-7-2 に両方向真円度 G(b)の測定結果の表示例（JIS B 6190-4:2008）を示します。

図 8-7-1 位置決め精度試験と測定結果の例（JIS B 6190-2 より抜粋）

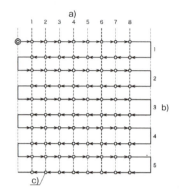

a) 位置　i　$(m=8)$
b) サイクル数　j　$(n=5)$
c) 目標位置

標準測定サイクル

測定結果の例の一部

i			1		2		3		4	
目標位置 P_i		mm	6.711		175.077		353.834		525.668	
位置決めの向き			↓	↑	↓	↑	↓	↑	↓	↑
位置の偏差　μm	$j=1$		2.3	−1.2	3.6	−0.5	3.5	0.2	3.0	−0.6
	2		2.1	−1.7	3.5	−0.9	3.3	−0.6	2.7	−1.2
	3		1.9	−1.9	3.1	−1.1	3.0	−0.7	2.4	−1.3
	4		2.8	−1.3	3.7	−0.2	3.8	0.1	3.2	−0.3
	5		2.2	−1.9	3.2	−0.8	3.5	−0.7	2.6	−1.3
平均一方向位置決めの偏差 $\bar{x}_i$		μm	2.3	−1.6	3.4	−0.7	3.4	−0.3	2.8	−0.9
標準不確かさの推定値 s_i		μm	0.3	0.3	0.3	0.4	0.3	0.5	0.3	0.5
$2s_i$		μm	0.7	0.7	0.5	0.7	0.6	0.9	0.6	0.9
$\bar{x}_i − 2s_i$		μm	1.6	−2.3	2.9	−1.4	2.8	−1.2	2.1	−1.9
$\bar{x}_i + 2s_i$		μm	2.9	−0.9	3.9	0.0	4.0	0.6	3.4	0.0
一方向位置決めの繰返し性 $R_i=4s_i$		μm	1.3	1.3	1.0	1.4	1.2	1.8	1.3	1.8
反転値 B_i		μm	−3.9		−4.1		−3.8		−3.7	
両方向位置決めの繰返し性 R_i		μm	5.2		5.3		5.3		5.2	
平均両方向位置決め偏差 $\bar{\bar{x}}_i$		μm	0.3		1.4		1.5		0.9	

図 8-7-2 円運動精度試験の例（JIS B 6190-4 より抜粋）

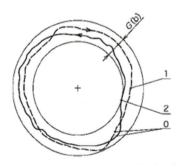

＋：2つの実円経路の最小二乗円の中心
0：始点
1：時計回りの実円経路
2：反時計回りの実円経路
両方向真円度　$G(b)_{XY}=0.015$ mm

8-8 NC工作機械のメンテナンス

●点検および給油

　ここではNC工作機械の大まかな点検および給油の項目について紹介します。

- NC工作機械によって給油箇所および使用する潤滑油が異なります。それぞれ指定された場所と潤滑油の種類を確認し、必要な量だけ補給します（図8-8-1）。
- 工具の取り付け部は、きれいに拭いてあるか確認します。切りくずやごみが入ると加工精度を悪くしたり、傷つけたりする恐れがあります。
- 制御部のファンモータは正常に回転しているか、異常振動、騒音がないか、ごみや油が付着していないかを確認します。
- ファンモータの掃除は乾いたウエスで拭き取ります。油が付着して落とし難い場合は中性洗剤に浸したウエスで拭き取りますが、電気部に洗剤が入らないように注意してください。
- エアフィルターが付いているものは目詰まりがないかを確認します。汚れが著しい場合は、中性洗剤で洗い、きれいな水で濯ぎ洗いしてから自然乾燥させます。
- 主軸のモータの温度上昇を確認します。軸受のグリースは許容温度があるので、それ以上にならないように確認します。また、軸受の異常は異常騒音、異常振動につながるので、運転中は絶えず気を付けておきます。

●掃除と手入れ

　作業の始めと終わりには、NC工作機械とその周辺を掃除しましょう。また、作業の1つが済んで、次の新しい作業に移るための段取り換えのときも掃除はしておくとよいです。以下におおまかな掃除と手入れについて紹介します。

- 主軸周りに切りくずが付着していないか確認します。もしあれば、清浄なウエスで丁寧に拭き取ります。
- 工具周りも同様にきれいに拭いておきます。
- NC旋盤ではチャック周り、マシングセンタではテーブル上面をきれいに拭いておきます。
- 操作盤全体をやわらかい布で、できれば中性洗剤を付けて拭いておきます。
- クーラントは使用しているうちに次第に少なくなっていきます。特に水溶性切削油剤は水分の蒸発でかなりの量が減ってしまいます。運転前には必ずクーラントの量を確認し、不足している場合は追加したり薄めたりします。
- 作業が終了したら、ブラシや手ぼうきで、各機構部から切りくずを払い落とし、切りくずを取り除きます。そして、各場所を丁寧に拭いてきれいにしておきます。クーラントの量も確認して不足している場合は補充します。

図 8-8-1　NC 工作機械のオイルタンク

●参考文献

田中芳雄，喜田義宏，杉本正勝，宮本勇，土屋八郎，後藤英和，杉村延広，『エース機械加工』，朝倉書店，1999

仁平宣弘，朝比奈奎一，『機械材料と加工技術』，科学図書出版，2003

朝比奈奎一，『図解はじめての機械加工』，科学図書出版，2010

井上忠信，『金属加工が一番わかる』，技術評論社，2010

嵯峨常生，中西佑二ほか，『機械工作1』，実教出版，2013

嵯峨常生，中西佑二ほか，『機械工作2』，実教出版，2013

嵯峨常生，中西佑二ほか，『機械実習1』，実教出版，2010

嵯峨常生，中西佑二ほか，『機械実習2』，実教出版，2010

技能士の友編集部，『旋盤のテクニシャン』，大河出版，1971

技能士の友編集部，『フライス盤のダンドリ』，大河出版，1971

技能士の友編集部，『切削工具のカンドコロ』，大河出版，1972

技能士の友編集部，『穴あけ中ぐりのポイント』，大河出版，1972

技能士の友編集部，『研削盤のエキスパート』，大河出版，1972

高齢・障害・求職者雇用支援機構，職業能力開発総合大学校基盤整備センター編，『一級技能士コース機械加工科 教科書』，職業訓練教材研究会，2001

高齢・障害・求職者雇用支援機構，職業能力開発総合大学校基盤整備センター編，『二級技能士コース機械加工科 共通教科書』，職業訓練教材研究会，2004

海野邦昭，『絵とき「研削加工」基礎のきそ』，日刊工業新聞社，2006

稲城正高，米山猛，『設計者に必要な加工の基礎知識』，日刊工業新聞社，1999

朝比奈奎一，三田純義，『トコトンやさしい機械の本』，日刊工業新聞社，2006

清水伸二，岡部眞幸，坂本治久，伊藤正頼，『トコトンやさしい工作機械の本』，日刊工業新聞社，2011

海野邦昭，『トコトンやさしい切削加工の本』，日刊工業新聞社，2010

澤武一，『トコトンやさしい切削工具の本』，日刊工業新聞社，2015

澤武一，『トコトンやさしい旋盤の本』，日刊工業新聞社，2012

澤武一，『トコトンやさしいマシニングセンタの本』，日刊工業新聞社，2014

澤武一，『目で見てわかる研削盤作業』，日刊工業新聞社，2008

用語索引

アームの旋回運動とベース上面との平行度の
検査 …………………………………… 143
アダプタ ………………………………… 85
アドレス ………………………………… 154
穴あけ …………………………… 67, 132
アブソリュート指令 …………………… 164
α合金 …………………………………… 34
α-β合金 ………………………………… 34
アルミ ………………………………… 142
アルミ合金 …………………………… 142
アルミニウム鋼 ………………………… 30
アルミニウム合金 ……………………… 30
位置決め ………………………… 157, 164
位置決め精度試験 ……………………… 167
位置調整運動 …………………………… 16
一般構造用圧延鋼材 …………………… 24
インクレメンタル指令 ……………… 164
上タップ ………………………………… 53
上向き削り ……………………………… 99
円運動精度試験 ………………………… 167
円弧補間 ………………………… 159, 164
円テーブル ……………………………… 86
円筒研削 ………………………… 106, 114
円筒研削盤 …………… 108, 112, 113
エンドミル ……………………………… 46
エンドミル削り ………………………… 90
送り ………………………… 75, 98, 120
送り運動 ………………………………… 16
おねじ切り ……………………………… 67

化学研磨 ………………………………… 21
角テーブル形平面研削盤 …………… 112
角度フライス …………………………… 46
完成バイト ……………………………… 42
貫通穴 ………………………………… 139
ガンドリル ……………………………… 49
キー溝フライス削り …………………… 90
機械加工 ………………………………… 10
機械基準点 …………………………… 154
機械構造用合金鋼 ……………………… 26
機械構造用炭素鋼 ……………………… 24
機械座標系 …………………………… 154
機械万力 ………………………… 86, 92
吸じん装置 …………………………… 110
曲面削り ………………………………… 68
切りくず ………………………………… 14
切込み ……………………… 75, 98, 120
切込み送り ……………………………… 16
クイックチェンジアダプタ …………… 86
管用タップ ……………………………… 55
組合せフライス削り …………………… 90
クランプバイト ………………………… 42
研削加工 ………………………… 18, 106
研削油材供給装置 …………………… 110
合金鋼 …………………………………… 26
合金工具鋼 ……………………………… 26
工具 ……………………………………… 14
工具研削 ……………………………… 106
工具研削盤 …………………………… 112
工具用合金鋼 …………………………… 26
工作機械 ………………………………… 16
工作精度 ………………………… 77, 100, 122

固定砥粒 ································ 18
コレット ································ 85

サ行

先タップ ································ 53
座ぐり ································ 132
皿もみ ································ 132
仕上げ面 ································ 14
磁気チャック ································ 110
磁気分離器 ································ 110
軸受鋼 ································ 27
自生作用 ································ 18
下穴加工 ································ 139
下向き削り ································ 99
自動原点復帰 ···················· 160, 165
自動工具交換装置 ···················· 152
周速度 ································ 120
周速度一定制御 ···················· 160
周速度一定制御キャンセル ········ 160
主運動 ································ 16
主軸 ································ 152
主軸台 ································ 152
主軸テーパ穴の振れ ················ 143
正面削り ································ 67
正面旋盤 ································ 65
上面の平面度の検査 ················ 143
正面フライス ································ 46
正面フライス削り ···················· 90
ショットブラスト ···················· 21
心押台 ································ 60
心立て ································ 69
心なし研削 ································ 114
心なし研削盤 ································ 112
数値制御 ································ 148
すくい角 ································ 40
すくい面 ································ 40
ステンレス鋼 ···················· 28, 142
ストレートシャンクドリル ········ 137

ストレートドリル ···················· 48
スパイラルタップ ···················· 53
すり割り ································ 90
スローアウェイバイト ············ 42
静的精度 ······················ 77, 100, 122
静的精度検査 ································ 143
切削加工 ································ 14
切削工具 ································ 14
切削速度 ···················· 75, 98, 141
切削面積 ································ 75
旋回万力 ································ 92
センタ ································ 63
センタ穴ドリル ···················· 48
センタ間距離 ································ 77
センタ作業 ································ 58
旋盤 ································ 58
総形削り ································ 68
総形研削 ································ 114
側フライス ································ 44
側フライス削り ···················· 90
外丸削り ································ 67

タ行

ターニングセンタ ···················· 148
耐食・耐熱用鋼 ···················· 26
耐熱鋼 ································ 142
卓上旋盤 ································ 65
卓上フライス盤 ···················· 88
卓上ボール盤 ································ 130
脱磁装置 ································ 110
タップ ································ 53
タップ立て ···················· 132, 139
立て旋盤 ································ 65
立てフライス盤 ···················· 84
炭素鋼 ································ 24
段付きドリル ································ 49
端面削り ································ 67
チタン ································ 34

チタン合金	34
チャック	63, 71
チャック作業	58
鋳鋼	142
鋳鉄	142
直線補間	157, 164
直刃ドリル	48
直立ボール盤	130, 131
ツイストドリル	48
付刃バイト	42
突切り	67
データ	154
テーパ削り	67
テーパシャンクドリル	137
テーブル	152
電源スイッチ	152
銅	32, 142
ドウェル	159, 165
銅合金	32, 142
特殊鋼	26
特殊用途用鋼	27
トラバース研削	118
砥粒	20
ドレッサ	111
ドレッシング装置	110

ナ行

内面研削	106, 114
内面研削盤	112
中ぐり	67, 132
中タップ	53
ナットタップ	53
倣い研削	114
逃げ角	40
逃げ面	40
ニッケル	36
ニッケル合金	36
ねじ切りフライス盤	88

ねじ研削	114
ねじれドリル	48

ハ行

鋼	142
歯車研削	115
ばね鋼	27
バフ	21
刃部	14
バフ研磨	21
刃物台	152
バレル研磨	21
ハンドタップ	53
万能研削盤	112
万能フライス盤	88
汎用フライス盤	89
ひざ形フライス盤	84, 88
被削面	14
平フライス	44
平フライス削り	90
平万力	92
深穴あけ	132
深座ぐり	132
普通鋼	24
普通旋盤	60, 65
フライス	44
フライス加工	82
フライス取付け具	85
フライス盤	82
プランジ研削	118
振り	77
振れ止め	63
プログラム番号	154
ブロック	154
平面研削	106, 114
平面研削盤	108, 113
平面指定	164
β合金	35

ポイントタップ ……………………………… 55
ボール盤 …………………………………… 128
ポリッシング ………………………………… 21

マ行

毎回転送り ………………………………… 160
毎分送り …………………………………… 160
マシニングセンタ ……………… 88, 148, 152
マニュアルプログラミング ……………… 150
回し板 ………………………………………… 63
回し金 ………………………………………… 63
溝削り ………………………………… 67, 90
溝なしタップ ………………………………… 55
溝フライス …………………………………… 44
むくバイト …………………………………… 42
メタルソー …………………………………… 45
めねじ切り …………………………………… 67
面板 …………………………………………… 63
モーダル情報 ……………………………… 159

ヤ行

遊離砥粒 ……………………………… 18, 20
遊離砥粒加工 ………………………………… 20
横フライス盤 ………………………………… 84

ラ行

ラジアルボール盤 ………………………… 131
ラッピング仕上げ …………………………… 20
ラップ ………………………………………… 20
リーマ仕上げ ……………………… 132, 139
両頭グラインダ …………………………… 113
輪郭フライス削り …………………………… 90
ローレット切り ……………………………… 68

ワ行

ワーク座標系 ……………………………… 154
ワーク座標系の設定 …………… 157, 163
ワード ……………………………………… 154
ワンショット情報 ………………………… 159

英数

AIプログラム ……………………………… 150
ATC …………………………………… 148, 152
CAD/CAMシステム ……………………… 150
CNC工作機械 ……………………………… 12
CNC装置 …………………………………… 148
F機能 ………………………………… 162, 166
Fコード ……………………………… 162, 166
G機能 ………………………………… 157, 163
Gコード ……………………………… 157, 163
M機能 ………………………………… 161, 165
Mコード ……………………………… 161, 165
NC言語 ……………………………………… 154
NC工作機械 ………………………… 12, 148
NC旋盤 ………………………………… 65, 152
NC操作盤 ………………………………… 152
NCフライス盤 ……………………………… 89
Near α ……………………………………… 34
Near β ……………………………………… 35
S機能 ………………………………… 161, 165
Sコード ……………………………… 161, 165
T機能 ………………………………… 162, 166
Tコード ……………………………… 162, 166
T溝削り ……………………………………… 90

■著者紹介
平野　利幸（ひらの　としゆき）
　　千葉県立松戸東高等学校卒業。法政大学工学部機械工学科卒業、同大学大学院
　　工学研究科機械工学専攻博士後期課程修了。博士（工学）。
　　2007年東京都立産業技術高等専門学校助教。2011年東京都立産業技術高等
　　専門学校准教授。2014年国士舘大学准教授。現在に至る。
　　流体工学を専門とし、遠心圧縮機、送風機の性能に関する研究に従事。
　　ターボ機械協会会員、日本ガスタービン学会会員、日本機械学会会員、日本設
　　計工学会会員。

●装丁　　　　　　　中村友和（ROVARIS）
●編集＆DTP　　　株式会社エディトリアルハウス

しくみ図解シリーズ
機械加工が一番わかる

2016年12月1日　初版　第1刷発行

著　者　　平野　利幸
発行者　　片岡　巌
発行所　　株式会社技術評論社
　　　　　東京都新宿区市谷左内町 21-13
　　　　　　　電話　03-3513-6150　販売促進部
　　　　　　　　　　03-3267-2270　書籍編集部
印刷／製本　株式会社加藤文明社

定価はカバーに表示してあります。

本書の一部または全部を著作権法の定める範囲を超え、無
断で複写、複製、転載、テープ化、ファイル化することを禁
じます。

©2016　平野　利幸

造本には細心の注意を払っておりますが、万一、乱丁（ページの乱れ）
や落丁（ページの抜け）がございましたら、小社販売促進部までお送
りください。送料小社負担にてお取り替えいたします。

ISBN978-4-7741-8498-2　C3053

Printed in Japan

本書の内容に関するご質問は、下記
の宛先まで書面にてお送りください。
お電話によるご質問および本書に記
載されている内容以外のご質問には、
一切お答えできません。あらかじめご
了承ください。
〒162-0846
新宿区市谷左内町 21-13
株式会社技術評論社 書籍編集部
「しくみ図解」係
FAX：03-3267-2271